红土镍矿开发利用技术

DEVELOPMENT AND UTILIZATION TECHNOLOGY OF LATERITE NICKEL ORE

李德贤 曾海龙 ◉ 著

中南大学出版社
www.csupress.com.cn
·长沙·

图书在版编目(CIP)数据

红土镍矿开发利用技术 / 李德贤, 曾海龙著. —长沙: 中南大学出版社, 2024.2

ISBN 978-7-5487-5606-4

Ⅰ. ①红… Ⅱ. ①李… ②曾… Ⅲ. ①红土型矿床—镍矿床—资源开发②红土型矿床—镍矿床—资源利用 Ⅳ. ①P619.23

中国国家版本馆 CIP 数据核字(2023)第 205940 号

红土镍矿开发利用技术

HONGTU NIEKUANG KAIFA LIYONG JISHU

李德贤　曾海龙　著

□出 版 人　林绵优
□责任编辑　刘小沛
□责任印制　唐　曦
□出版发行　中南大学出版社
社址: 长沙市麓山南路　邮编: 410083
发行科电话: 0731-88876770　传真: 0731-88710482
□印　　装　湖南省汇昌印务有限公司

□开　　本　710 mm×1000 mm 1/16　□印张 13.75　□字数 275 千字
□版　　次　2024 年 2 月第 1 版　□印次 2024 年 2 月第 1 次印刷
□书　　号　ISBN 978-7-5487-5606-4
□定　　价　68.00 元

《红土镍矿开发利用技术》

编辑出版委员会

主　编　李德贤

副主编　曾海龙

编　委　马玉天　郭新珂　程国祥　王　珉

王　坚　贾翠霞　贺耀文　陈耕耘

张建辉　李　军　宗红星

前言

镍、钴被列为我国24种战略性矿产资源中的2种，世界上镍的消费量仅次于铜、铝、铅、锌，居第5位。镍因具有良好的机械强度和延展性，以及耐高温、化学稳定性高等特性，主要用来生产不锈钢、合金、电池、催化剂、颜料、医疗器械等产品，广泛应用于军事工业、电气工业、机械工业、建筑业、化学工业，已成为发展国防工业、繁荣国民经济和不断提高人民物质文化生活水平不可缺少的金属。

目前，镍资源主要来源于红土镍矿和硫化镍矿。镍工业前期主要镍资源来源于硫化镍矿，但随着硫化镍资源的减少和已有硫化镍资源开发成本逐渐上升，国际上已将镍资源开发的重点转移到了红土镍矿。

红土镍矿资源相较硫化镍矿资源丰富，其埋藏浅，具有勘探成本低、采矿成本低的优势，再加上近年来红土镍矿相关冶炼技术的日臻成熟和完善，直接导致了红土镍矿资源的开发在世界范围内迅速升温。从2010年起，全球来自红土镍矿的镍产量已经超过了来自硫化镍矿的镍产量，来自红土镍矿的镍产量的比重不断上升。

但由于红土镍矿在中国分布极少，且资源品质差，国内前期无红土镍矿开发利用相关经验和规范标准，同时，红土镍矿的资源开发、采矿技术等在国外也无相关规范和标准，致使中国企业在“走出去”过程中对红土镍矿开发等缺乏基本的认识，导致红土镍矿项目收、并购，评估和开发利用的失败。过去20年来，金川集团由于资源保障的需求，接触过的红土镍矿项目较多，几乎遍及世界主要红土镍矿分布的各个地带，对红土镍矿地质勘探、采矿和冶炼有了一定的认识，也积累了一定的经验。因此，本书基于金川集团海外红土镍矿开发利用经验，结合当前其他公司红土镍矿开发利用实践和国内外文献，对红土镍矿地质勘探、采矿和冶炼技术进行了论述和经验总结，以便相关专业人员对红土镍矿有一个初步认识和了解。

本书出版得到金川集团股份有限公司、中南大学的支持，在此表示感谢！

由于作者水平有限，书中难免有不妥之处，敬请谅解。

目　录

第1章　镍资源概述

镍是一种重要的战略储备金属，在人类物质文明发展中起着重要作用，由于其具有良好的可塑性、耐腐蚀性和磁性，被誉为“钢铁工业的维生素”。西汉时期，我国已生产出含镍产品白铜，称为“鋈”；1751年，瑞典化学家阿克塞尔·弗雷德里克·克龙斯泰特在红砷镍矿表面风化后的晶粒中提取出一种新的金属，并命名为镍(Nickel)。近年来，随着不锈钢、合金钢、三元材料及其他镍相关产品行业的快速发展，镍需求量不断增加，许多产镍大国都加大了对镍矿资源的开发与综合利用力度，且随着世界硫化镍矿资源的大量挖掘与开采，全球镍业将矿产资源开发的重点转向储量丰富的红土镍矿资源上。

1.1　镍的性质及用途

镍是一种近似银白色的金属，化学元素符号为Ni，在元素周期表中位于第四周期第Ⅷ族，原子序数为28，相对原子量为58.69，熔点为1455 ℃，沸点为2732 ℃，密度为8.902 g/cm^3。镍具有很高的化学稳定性，在空气中加热至700~800 ℃时仍不被氧化。在常温潮湿空气中，镍金属表面会形成一层致密的氧化膜以阻止其进一步氧化。此外，镍是具有磁性和良好可塑性的金属，其有很好的耐腐蚀性、耐高温以及耐高强度等特点。在稀盐酸、稀硫酸、稀硝酸中镍能缓慢地溶解，但在发烟硝酸中存在镍表面钝化的现象。镍也能有效地吸收氢气，吸氢量随着温度的升高不断增大。

镍的化合价主要为-1、+1、+2、+3和+4价，其中以+2价的化合物最稳定，+3价镍盐可作为氧化剂。在生物体内+2价的镍能与很多物质络合、螯合或结合。镍的氧化物、硫化物和砷化物是镍在自然界中存在的化合物的基本形式。其中氧化物有氧化镍(NiO)、四氧化三镍(Ni_3O_4)及三氧化二镍(Ni_2O_3)。氢氧化镍[$Ni(OH)_2$]是强碱，微溶于水且易溶于酸。四羰基镍[$Ni(CO)_4$]则是镍在加压条件下与一氧化碳结合形成的，加热后又可以分解成金属镍和一氧化碳。

镍资源被多个国家列为战略资源，也是我国24种战略性矿产资源之一，世界上镍的消费量仅次于铜、铝、铅、锌，居第5位。镍因具有良好的机械强度和延展性，以及耐高温、化学稳定性高等特性，在电子、冶金、机械、能源、轻工、农业和石油化工等方面均有应用，应用领域较为广泛。镍主要以合金元素的形式用于生产不锈钢、特种合金、高温合金钢和镍基喷镀材。不锈钢使用镍铁制成，镍钴合金是高性能的磁性材料，合金钢则广泛用于飞机、雷达、原子反应堆等各类制造业中，用于制造喷气机涡轮、发电涡轮机、轧钢机的轧辊等重要部件；在其他机械制造业领域中，镍被制成各类钢(耐酸钢、耐热钢、结构钢等)以满足工业需求；镍盐和镍的深加工产品广泛应用于石油催化剂、充电电池等行业；除此之外，镍还可作为陶瓷原料以及一些制品的防腐镀层；在电子遥控、超声工艺和原子能工业中，镍与钴的合金作为一种永磁材料被广泛应用。随着科技的发展进步，镍的应用范围也越来越广，镍已成为发展国防工业、繁荣国民经济和不断提高人民物质文化生活水平不可缺少的金属，镍金属及其衍生产品是保障国防安全的重要战略资源，对国民经济可持续发展具有重要意义。

1.2 镍的产品及应用

镍矿石及其精矿具有品位低、成分复杂、伴生脉石多、属难熔物料等特点，根据矿石的种类、品位和用户要求的不同，可以生产多种不同形态的产品。通常有纯金属镍、工业镍(普通镍)、烧结氧化镍、镍铁合金、镍的盐类产品，以及少量的特殊制品如泡沫镍、镍纤维、镍箔等。在纯金属镍中又有电解镍、粉末镍、镍丸和镍块等。

1.2.1 镍的产品分类

相较其他金属，原生镍产品种类比较多。镍产业链上游为镍矿开采环节，镍矿分为硫化镍矿和红土镍矿，硫化镍矿可以生产镍精矿，红土镍矿可以生产镍铁和氢氧化镍；中游为冶炼环节，主要包括电解镍、镍铁和硫酸镍；下游应用于不锈钢生产、新能源汽车电池生产及电镀材料生产等领域。镍产业链结构如图 1–1 所示。

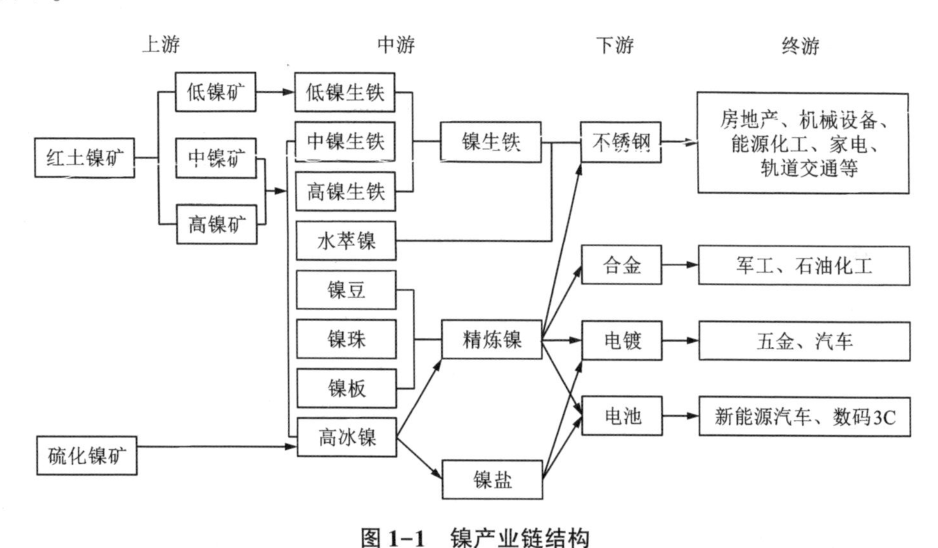

图 1–1　镍产业链结构

1. 镍制品等级分类

原生镍按镍制品等级分类如图 1–2 所示。

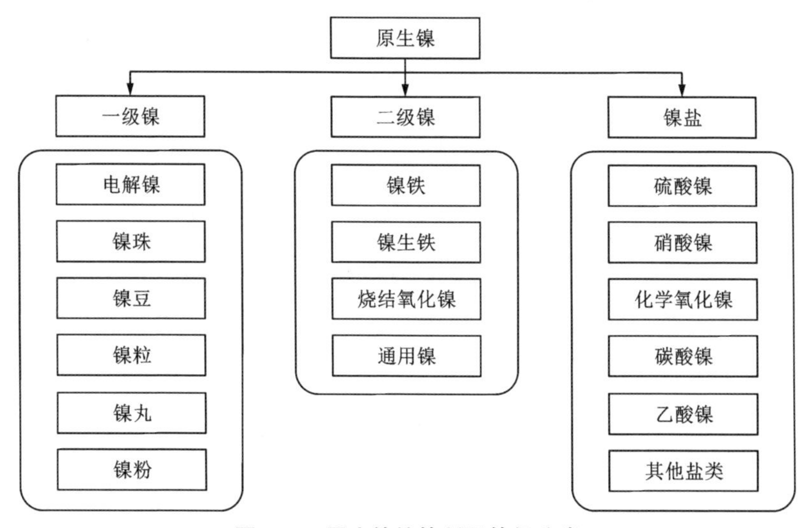

图 1–2　原生镍按镍制品等级分类

一级镍是含镍量(本书中指镍的质量分数)在99.8%以上的纯镍，是包括电解镍、镍粉、镍豆、镍珠等在内的镍产品，此类产品以硫化镍矿和红土镍矿湿法冶炼的中间品为原料，镍含量(本书含量指质量分数)接近100%，可以用于电池、电镀、不锈钢及合金等多个领域。

二级镍的含镍量一般在15%以下，包括镍生铁和镍铁等，此类产品含镍量较低，主要通过红土镍矿火法冶炼获得，主要用于不锈钢的生产。

一级镍和二级镍在使用上有很大的不同，一级镍可以替代二级镍，二级镍在某些领域(精密合金)无法取代一级镍，动力电池生产所需要的硫酸镍只能以一级镍为原料制取。一级镍产品只能来源于硫化镍矿和红土镍矿湿法冶炼，由于一级镍产品相较二级镍产品不具备成本优势，其在最大消费领域不锈钢行业中被镍生铁所替代。

2. 镍冶炼环节产品分类

在冶炼环节，镍的产品分类主要包括电解镍、镍铁和硫酸镍。由于矿源不同，冶炼工艺也有一定差异，硫化镍矿是通过火法冶炼工艺，形成高冰镍作为中间产品，再通过湿法工艺生产硫酸镍，或通过电解法生产电解镍、镍粉、镍豆等纯镍产品。

(1)电解镍。

电解镍是采用电化学沉积法生产的金属镍产品[$w(Ni) \geqslant 99.90\%$]。生产中将富集的硫化镍矿焙烧成氧化物，用碳还原成粗镍，再经电解得纯金属镍。根据《电解镍》(GB/T 6516-2010)的规定，电解镍可分为Ni9999、Ni9996、Ni9990、Ni9950、Ni9920五个牌号。

目前世界电解镍总产能约为67万t，主要工厂及产能有：诺里尔斯克镍业俄罗斯科拉矿冶分公司芒切戈尔斯克镍厂19万t，芬兰哈贾瓦尔塔精炼厂2.5万t，合计21.5万t；金川集团镍冶炼厂15万t；嘉能可挪威克里斯蒂安松精炼厂9万t(电解镍大板+2000 t镍扣)；住友金属日本新居滨镍精炼厂6.5万t(电解镍大板+2000 t镍扣)；淡水河谷加拿大长港精炼厂5万t(全部为电解镍扣)；其他合计约10万t，主要为广西银亿、新鑫矿业、吉恩镍业、天津茂联、烟台凯实的华友钴业等。

镍豆是采用氢还原工艺生产的金属镍产品[$w(Ni) \geqslant 99.80\%$]。目前世界镍豆总产能约为23.5万t，主要工厂及产能有：必和必拓澳大利亚克威纳纳精炼厂7万t；住友金属/韩国资源/谢里特/拉瓦林马达加斯加安巴托维镍钴工程6万t；

嘉能可澳大利亚穆林穆林镍矿镍钴精炼厂4万t；诺里尔斯克镍业芬兰哈贾瓦尔塔精炼厂3万t；谢里特加拿大克莱夫科镍钴精炼厂3.5万t。

羰基镍是采用羰化工艺生产的金属镍产品，主要用于制备高纯镍粉，或用于电子工业及制造塑料中间体，也用作催化剂。目前世界羰基镍总产能为12万t，主要工厂及产能有：淡水河谷加拿大铜崖精炼厂6万t；淡水河谷英国克莱达克精炼厂4.5万t；诺里尔斯克镍业俄罗斯北镍公司0.5万t；金川集团羰化冶金厂1万t；另外，吉恩镍业2000 t，目前处于停产状态。

(2)镍铁。

镍铁主要以红土镍矿为原料，是采用火法冶炼工艺生产的镍产品。镍铁主成分为Ni与Fe，是一种呈块状或粒状的灰黑色矿物，新鲜面有金属光泽。从镍含量(本书中指镍的质量分数)上来区分，镍含量高于15%的为水淬镍(ferronickel，FeNi)；镍含量在15%以下的为镍生铁(nickel pig iron，NPI)，中国市场习惯将其称为“镍铁”。其中水淬镍基本来源于海外，镍生铁来源于中国及印度尼西亚。原生镍中，63%为镍铁，镍铁中78%为镍生铁、22%为水淬镍。镍生铁又可分为低、中、高镍生铁，对应镍含量分别为1.5%~2%、2%~8%、8%~15%。

镍铁生产工艺主要包括回转窑—矿热炉工艺(简称RKEF工艺)、回转窑—磁选工艺、转底炉+熔分炉工艺、烧结—高炉还原熔炼工艺等。RKEF工艺生产镍铁是目前发展较快的红土镍矿处理工艺。其工艺成熟、设备简单易控、生产效率高，缺点是需消耗大量冶金焦和电能，能耗大、生产成本高、熔炼过程渣量过多、熔炼温度(1500 ℃左右)较高、有粉尘污染等。此外，矿石镍品位的高低对火法工艺的生产成本影响较大，矿石镍品位每降低0.1%，生产成本增加3%~4%。

目前世界镍铁总产能约为170万t，其中采用RKEF工艺的产能占90%。2019年全球镍铁[$w(\mathrm{Ni})\geqslant 15\%$]和含镍生铁[$w(\mathrm{Ni})<15\%$]产量为134万t，主要有埃赫曼新喀里多尼亚多尼安博6万t(高冰镍和烧结氧化亚镍)、淡水河谷巴西奥卡普马4万t、南32哥伦比亚塞罗·马托萨4万t、浦项新喀里多尼亚多尼安博6万t、中冶缅甸达贡山2.2万t、中国印尼综合产业园区青山园区25万t、印尼纬达贝工业园10万t，此外盛屯矿业和华友/埃赫曼也在建设3.4万t高冰镍项目。

(3)硫酸镍。

硫酸镍是采用含有硝酸和硫酸的混酸来氧化溶解金属镍的一种镍(Ⅱ)盐产品。硫酸镍有无水物、六水物和七水物三种类型。商品多为六水物，有α-型和β-型两种变体，前者为蓝色四方结晶，后者为绿色单斜结晶。在2021年之前市场流通货物以硫酸镍晶体为主，2021 年后在硫酸镍需求量快速增加的情况下，硫酸镍液体也逐渐成为流通货物重要的一部分。

硫酸镍生产工艺均为湿法，大致流程为原料浸出—净化—固液分离—萃取—结晶。根据原料种类不同，实际生产方式有着些许差别，其中以镍锍产线最为复杂，需要将镍锍破碎球磨成粉后加压浸出；而镍豆、镍粉生产工艺最为简单，由于其原料镍含量高，只需将原料浸出后除杂即可使用。

2021 年全球硫酸镍产量 42.78 万金属吨，中国硫酸镍产量 28.73 万金属吨。中国硫酸镍产量主要集中在金川集团、格林美、广西银亿等企业，世界其他硫酸镍产量主要集中在韩国浦项、日本住友金属、俄罗斯诺里尔斯克镍业等企业。

根据应用不同，硫酸镍主要分为电镀级硫酸镍和电池级硫酸镍。在市场交易时以《工业硫酸镍》(HG/T 2824—2022)为基础标准，电镀级硫酸镍与电池级硫酸镍的区别主要是钴元素含量不同。由于产品电镀时钴元素为有害物质，所以电镀级硫酸镍要求钴元素含量越低越好，一般不超过 0.05%，而对电池级硫酸镍来说，钴是有益物质，但其要求磁性异物质量分数一般不得高于 100×10^{-9}。所以电池级硫酸镍和电镀级硫酸镍因为微量元素的不同，一般不能替换使用。

镍在电池行业主要用于制备镍钴锰三元锂电池中的镍钴锰/铝三元前驱体，并且镍含量的高低决定电池材料能量的大小，这种电池是动力电池的主要发展方向之一。

硫酸镍用于电镀行业时，是电镀镍和化学镀镍的主要镍盐，也是金属镍离子的来源，能在电镀过程中离解镍离子和硫酸根离子。

(4)镍中间产品。

镍中间产品包括镍锍(又名冰镍，根据镍含量不同可分为低冰镍和高冰镍)、硫化镍钴(MSP)和氢氧化镍钴(MHP)，可以通过加工硫化镍矿或红土镍矿制得。

镍产业链中常见的镍中间产品根据生产工艺的不同大致分为两大类，分别为镍湿法冶炼中间产品和镍火法冶炼中间产品。镍湿法冶炼中间产品中常见的为氢氧化镍钴，镍火法冶炼中间产品中常见的为高冰镍。现阶段镍中间产品主要用来制备硫酸镍，而硫酸镍是三元锂电池产业链中最主要的镍原料。

氢氧化镍钴：粗制氢氧化镍钴为绿灰色或灰绿色粉末，溶于水，用于生产硫酸镍、精制氢氧化镍钴、镍板等产品，是红土镍矿的下游产品，镍含量一般为 34%~38%。

高冰镍：高冰镍为锭状，性脆，断面呈明亮的金属光泽，是镍、铜、钴、铁等金属的硫化物共熔体，用于生产电解镍及各种镍盐，是硫化镍矿、红土镍矿的下游产品。根据矿源不同镍含量亦有区别，硫化镍矿生产的高冰镍镍含量一般为50%~65%，红土镍矿生产的高冰镍镍含量为75%左右，镍含量差异是原矿中含铜量不同所致。

(5)通用镍。

淡水河谷在中国台湾高雄、中国大连、日本松阪、韩国光阳建有4个通用镍厂(Ni≥90%)，总产能为8万t。

(6)烧结氧化亚镍和高冰镍。

目前世界烧结氧化亚镍工厂及产能有古巴切格瓦拉2.3万t。

目前世界用红土镍矿冶炼高冰镍的工厂及产能：淡水河谷印尼索罗阿科冶炼厂8万t，产品为高冰镍[$w(\mathrm{Ni})+w(\mathrm{Co})\geqslant 78\%$]，可以生产电镍、通用镍、羰基镍。

3. 镍产品其他分类

镍产品按照产品形态可分为镍块、镍板、镍带、镍丝、镍球、镍粉等。

镍按照生产原料的不同可分为原生镍和再生镍，原生镍的生产原料来自镍矿，再生镍的生产原料来自含镍废料。

按照镍合金产品分为镍铁合金、镍钼合金、镍钴合金、镍铝合金、高镍合金、镍锌合金、镍铜合金、杜美丝、镍锡珠、亚镍粉等。

按照镍金属的含量，原生镍可以分为四大产品系列，分别是电解镍(镍含量不低于99.8%)、含镍生铁(镍含量1.5%~15%)、镍铁(镍含量15%~40%)、其他(镍盐、通用镍等)。

按照镍产地可分为国产镍产品和进口镍产品。国产镍产品包括金川镍、吉恩镍、新疆新鑫镍、江西江锂镍等；进口镍产品包括英可镍、日本住友镍、法新镍、挪威镍、巴西镍、N6镍片、俄罗斯Norilsk镍、鹰桥(Falcon-bridge)镍、澳大利亚镍等。

国内镍产品一般分为三类，一是精炼镍，镍质量分数99%或更高，包括电解镍、镍丸、镍球、镍粒、镍扣、镍粉末和镍薄片；二是炉料镍，镍质量分数小于99%，包括镍铁、氧化镍烧结块和多用途镍；三是化学类，包括氧化镍、硫酸镍、氯化镍、碳酸镍、醋酸镍、氢氧化镍等。

国外镍产品大多分为两类，一类为电解镍、镍粒、镍坯块、镍粉、镍盐和化学级氧化镍；另一类为镍铁、烧结氧化镍。

1.2.2 镍产品应用领域

镍产品在低端领域主要用于钢铁-不锈钢、合金、电池及电镀等，高端领域主要用于电子、冶金、机械、能源、轻工业、农业和石油化工等。

1. 低端应用领域(不锈钢、合金)

可用于生产不锈钢的镍原料包括电解镍、镍豆[w(Ni)≥99.8%]、通用镍[w(Ni)≥90%]、烧结氧化亚镍[w(Ni)≥75%]、废不锈钢等。

2. 高端应用领域

(1)金属镍。

电解镍：电解法生产的金属镍产品，用于不锈钢、有色合金、电池、特种合金、催化剂、磁性材料、颜料等领域。

高纯镍：纯度在4N以上的高纯镍主要用作靶材。

雾化镍粉：具有高松比、形状不规则的特点，主要用于特种焊条、表面喷涂、粉末冶金件。

电解镍粉：电解镍粉主要用于原子能工业、碱性蓄电池、电工合金、高温高强度合金、催化剂以及粉末冶金添加剂等。产品执行《电解镍粉》(GB/T 5247-2012)。

羰基镍粉(丸)：用于金刚石工具、制品，硬质合金，粉末冶金，电池，电工电子，磁性材料，导电材料，3D打印粉末等。羰基镍丸是生产特钢和有色合金、电镀级硫酸镍、泡沫镍等产品的高纯镍原料。

氢还原镍豆：镍纯度略低于电解镍，主要用于不锈钢，也用于生产电池级硫酸镍。

(2)镍盐。

硫酸镍：用作镀镍电镀液和催化剂、媒染剂、颜料、油漆催干剂、金属着色剂等，分为电镀级硫酸镍[w(Co)≤0.005%]和电池级硫酸镍[w(Co)≤0.02%]。

氯化镍：一般用于电镀，也可作防腐剂及氨吸收剂。

碳酸镍：用于催化剂、电镀、陶瓷等工业。

醋酸镍：主要用作催化剂，也用作制取油漆涂料的干燥剂、印染助剂、玻璃钢固化促进剂和隐显墨水等。

球形氢氧化亚镍：主要用于制备镍氢电池。

电子级氧化亚镍：用作瓷釉的密着剂和着色剂，也用于电池。

(3)镍加工材。

镍(合金)坯材：生产特种合金。

镍(合金)板带：用于船舶工业。

镍(合金)管：用于海水淡化。

镍(合金)线、丝：用作电热、电阻合金。

镍(合金)网：用于电池、工业过滤、纺织。

1.3　镍资源基本情况

镍是地壳中一种含量比较丰富但分布稀散的微量元素(克拉克值为 58×10^{-6})，在各类岩石中以超基性岩含量最高(克拉克值为 2000×10^{-6})、基性岩次之(克拉克值为 160×10^{-6})。在自然界，镍常以 Ni^{2+} 形式存在，Ni^{2+} 具有很强的亲硫性，故在超基性岩、基性岩浆中镍的集中和分散与硫密切相关。当硫充足时，镍优先倾向与硫结合，并同钴、铜及部分铁一起形成硫化物熔融体，在一定条件下形成硫化镍矿床；当硫不足时，镍主要分布于富镁硅酸盐矿物中，因为此时 Ni^{2+} 倾向于以类质同象混入物形式代替硅酸盐矿物晶格中的 Mg^{2+}、Fe^{2+}，其中主要进入橄榄石晶格，部分进入斜方辉石和角闪石晶格，所以由纯橄榄岩、橄榄岩到辉石岩，镍的含量逐渐降低，由镁质蛇纹岩到铁镁质蛇纹岩，镍的含量也逐渐降低。

陆地上的镍以红土镍矿和硫化镍矿为主。据美国地质调查局 2021 年 1 月发布的数据，全球平均品位≥0.5%的陆地镍资源量至少为 3 亿 t，其中 60%为红土镍矿，伴生金属主要是铁和钴；40%为硫化镍矿，伴生金属主要有铜、钴、金、银和铂族元素。此外，在海底锰结壳和结核中也发现了大量的镍资源。

目前，全球陆地已探明的镍金属基础储量约 9400 万 t，主要分布在印度尼西亚(22.34%)、澳大利亚(21.28%)、巴西(17.02%)、俄罗斯(7.34%)、古巴(5.85%)、菲律宾(5.11%)及中国(2.98%)等国家，见表 1-1。

表 1-1　世界镍金属储量与矿山镍产量统计一览表　　单位：t

国家	储量		矿山镍产量	
	镍金属量	占比/%	2019 年	2020 年
印度尼西亚	21000000	22.34	853000	760000
澳大利亚	20000000	21.28	159000	170000
巴西	16000000	17.02	60600	73000
俄罗斯	6900000	7.34	279000	280000
古巴	5500000	5.85	49200	49000
菲律宾	4800000	5.11	323000	320000
中国	2800000	2.98	120000	120000
加拿大	2800000	2.98	181000	150000
美国	100000	0.11	13500	16000
新喀里多尼亚	未统计	未统计	208000	200000
多米尼加	未统计	未统计	56900	47000
其他	14000000	14.89	310000	290000
合计	93900000	99.9	2613200	2475000

数据来源：U. S. Geological Survey, Mineral Commodity Summaries 2021, 2021 年 1 月。

我国镍矿资源的储量分布高度集中，仅甘肃金川镍矿，其储量就占全国总储量的 63.9%，新疆喀拉通克、黄山和黄山东三个铜镍矿的储量占全国总保有储量的 12.2%。我国镍资源主要是硫化铜镍矿，占全国总保有储量的 86%，其次是红土镍矿，占全国总保有储量的 9.6%。镍矿石品位较高，镍品位平均大于 1%的硫化镍富矿石约占全国总保有储量的 44.1%，其中属于勘探级别的储量占全国总保有储量的 74%。

但占全国总保有储量 68%的地下开采镍矿比重较大，适合露采的镍矿比重仅占 13%，对我国镍矿的开发利用产生了不利影响。

根据世界已知镍资源产出矿床的地质环境、围岩性质、矿石物质组分及矿床成因，可将镍矿床分为岩浆硫化镍矿床、红土镍矿床、热液砷镍矿床和沉积镍矿床四种类型(陈浩琉等，1993)，其中，目前最具开发利用价值的矿床类型为岩浆硫化镍矿床和红土镍矿床，陆地上的镍资源也主要来源于硫化镍矿和红土镍矿两类矿床。

1.3.1　硫化镍矿资源

硫化镍资源来源于硫化镍矿床，硫化镍矿床是指与超镁铁质岩、镁铁质岩的岩浆成矿作用有关而形成的以硫化物为主的矿床，硫化镍矿主要以镍黄铁矿 $(Fe, Ni)^{9}S^{8}$、紫硫镍铁矿 $(Ni^{2}FeS^{4})$、针镍矿(NiS)等游离硫化镍形式存在，有相当一部分镍以类质同象形式赋存于磁黄铁矿中。按镍含量不同，原生硫化镍矿可分为三个等级：特富矿，$w(Ni)\geqslant 3\%$；富矿，$1\%\leqslant w(Ni)<3\%$；贫矿，$0.3\%<w(Ni)\leqslant 1\%$。

硫化镍资源集中分布在中国甘肃省金川镍矿带、吉林省磐石镍矿带，加拿大安大略省萨德伯里(Sudbury)镍矿带、曼尼托巴省林莱克的汤普森(Lynn Lake-Thompson)镍矿带，俄罗斯科拉(Kola)半岛镍矿带、俄罗斯诺里尔斯克(Norilsk)镍矿带。国外主要大型、超大型-特大型镍矿床见表1-2。

表1-2　国外主要大型、超大型-特大型镍矿床

序号	国家	矿山名称	类型	地理位置	主要金属	状态	其他金属	储量/万t	金属量/万t	品位/%
1	俄罗斯	Norilsk (诺里尔斯克)	硫化矿	位于俄罗斯北部诺里尔斯克	Ni, Cu	在产	Pd, Pt, Au, PGMs	33900	Ni: 450.87 Cu: 766.14	Ni: 1.33 Cu: 2.26
2	俄罗斯	Taimyr (泰梅尔)	硫化矿	位于俄罗斯泰梅尔半岛	Ni, Cu	在产	Pd, Pt, Au, PGMs	67281.5	Ni: 617.6 Cu: 1159.8	Ni: 0.92 Cu: 1.72
3	俄罗斯	Kola (科拉)	硫化矿	位于俄罗斯科拉半岛	Ni, Cu	在产	Au, Pt, Pd	8468.2	Ni: 52.4 Cu: 25.6	Ni: 0.92 Cu: 1.72
4	南非	Mogalakwena (莫加拉奎纳)	硫化矿	位于南非莫加拉奎纳地区	Ni, Cu	在产	Pd, Pt, Au	351090	Ni: 632.0 Cu: 351.1	Ni: 0.18 Cu: 0.10
5	美国	Nokomis (诺克米斯)	硫化矿	位于美国伊利诺伊州诺克米斯市境内	Ni, Cu	在产	Co, PGE	资源量(控制+推断)7.33亿t	Ni: 140.61 Cu: 453.59 Co: 7.4842	Cu: 0.624~0.627 Ni: 0.194~0.199 Co: 0.600~0.718

续表1-2

序号	国家	矿山名称	类型	地理位置	主要金属	状态	其他金属	储量/万 t	金属量/万 t	品位/%
6	加拿大	Raglon（拉格伦）	硫化矿	位于加拿大魁北克省的努那维克	Ni，Cu	在产	Co	3580	Ni：116 Cu：33 Co：3	Ni：3. 26 Cu：0. 93 Co：0. 07
7	加拿大	Sudbury（萨德伯里）	硫化矿	位于加拿大安大略省萨德伯里镍矿带	Ni，Cu	在产	Co，Au，Pt，Pd，Fe	5810	Ni：80. 18 Cu：101. 68 Co：2. 324	Ni：1. 38 Cu：1. 75 Co：0. 04
8	加拿大	Voisey's Bay（沃伊塞湾）	硫化矿	位于加拿大纽芬兰省的拉布拉多地区	Ni，Cu	在产	Co，贵金属，Fe	2890	Ni：60. 98 Cu：26. 59 Co：3. 757	Ni：2. 11 Cu：0. 92 Co：0. 13
9	芬兰	Kevitsa（凯维塔）	硫化矿	位于芬兰拉普兰的罗瓦涅米北部	Ni，Cu	在产	—	10750	Ni：30 Cu：60	Ni：0. 29~0. 30 Cu：0. 36~0. 41
10	澳大利亚	Musgrave（马斯格雷夫）	硫化矿	位于南澳大利亚州西北部	Ni，Cu	未开发	Au，Ag，Co，Pt，Pd	—	Ni：72 Cu：79	Ni：0. 33 Cu：0. 36 Co：0. 13
11	南非	Nkomati（恩科马蒂）	硫化矿	位于南非共和国东部普马兰加省地区	Ni，Cu	在产	Co	—	Ni：48. 54 Cu：19. 38	—
12	加拿大	Dumont（杜蒙）	硫化矿	位于加拿大魁北克省阿莫斯市西部	Ni，Co	在产	Pd，Pt	445470	Ni：555. 5 Co：23. 7	Ni：0. 125 Co：0. 005
13	澳大利亚	Kalgoorlie（卡尔古利）	硫化矿	位于西澳大利亚州中南部	Ni，Co	在产	—	74350	Ni：542. 0 Co：32. 7	Ni：1. 09 Co：0. 044
14	澳大利亚	Leinster（雷因斯特）	硫化矿	位于西澳大利亚州北部	Ni，Co	在产	—	21690	—	Ni：0. 52~1. 7
15	澳大利亚	Mount Keith（凯斯山）	硫化矿	位于西澳大利亚州北部	Ni，Co	在产	—	22340	—	Ni：0. 48~0. 53

续表1-2

序号	国家	矿山名称	类型	地理位置	主要金属	状态	其他金属	储量/万 t	金属量/万 t	品位/%
16	加拿大	Thompson(汤普森)	硫化矿	位于加拿大曼尼托巴省	Ni, Co	在产	—	—	Ni：2013至2019年共产镍151万t；年均产镍21.57万t	—

目前还未开发的大型硫化镍矿床主要有坦桑尼亚卡班加(Kabanga)硫化镍矿项目、澳大利亚亚卡宾地(Yakabindie)硫化镍矿项目和Nova硫化镍矿项目，其他已发现的大型硫化镍矿床都已开发，并面临资源量减少、逐渐转向深部开采、开采难度增大、开采成本增加的问题。

我国已探明的镍金属基础储量为300万t，仅占世界的3.7%，其中硫化型镍矿镍资源量约占全国镍资源总量的90%，该类型的矿产资源大型矿床少，且保有资源以贫矿为主。

我国硫化镍资源主要分布在西北、西南、东北等地，三个地区保有储量占全国总储量的比例分别为76.8%、12.1%、4.9%。就各省(区、市)来看，甘肃储量最多，主要是金川特大型硫化镍矿床，约占全国镍矿总储量的60%，属世界第三大硫化镍矿，其次是新疆(11.6%)、云南(8.9%)、吉林(4.4%)、湖北(3.4%)和四川(3.3%)。

与国外镍资源相比，我国镍资源具有三个显著特点：一是矿石品位较高且平均镍品位大于1%的硫化镍富矿只占全国镍矿总储量的40%，我国镍资源以贫矿资源为主；二是我国镍资源分布高度集中，甘肃、陕西、吉林及新疆四省(区)的镍矿储量约占全国镍矿总储量的97.7%，特别是甘肃，其镍储量约占全国镍矿总储量的60%；三是我国地下开采镍矿比重较大，占全国总保有储量的68%，而适合露采的只占13%，且尚未开采利用的大型镍矿床少(表1-3)。

表1-3 我国主要镍矿床分布及品位统计一览表

编号	矿床	位置	规模	品位/%	利用情况
1	红旗岭7号岩体	吉林	大型	—	已采
2	长仁镍矿	吉林	中型	0.45	已采

续表1-3

编号	矿床	位置	规模	品位/%	利用情况
3	赤柏松镍矿	吉林	中型	0.59	已采
4	喀拉通克铜镍矿	新疆	大型	0.58~0.88	已采
5	黄山铜镍矿	新疆	大型	0.46	已采
6	黄山东铜镍矿	新疆	大型	0.52	已采
7	金川铜镍矿	甘肃	大型	0.47~1.61	已采
8	元石山镍铁矿	青海	中型	0.84	已采
9	煎茶岭镍矿	陕西	大型	0.65	已采
10	杨柳坪铂镍矿	四川	大型	0.39~0.49	已采
11	白马寨铜镍矿	云南	中型	1.11	已采
12	力马河镍矿	四川	中型	1.01	闭坑
13	夏日哈木铜镍矿	青海	大型	0.65	已采

岩浆硫化镍矿床具有矿石可选性好、提镍工艺成熟等特点，且矿山运营成本和资本支出较低，长期以来一直是开发利用的主要对象，但长期开采导致世界上该类型镍矿的镍保有储量逐年下降、开采深度逐步加深、开采难度不断加大、产能扩充日益困难和开采成本刚性上升。随着全球经济的快速发展，镍需求量大幅提高，全球镍行业将资源开发的重点转向资源丰富的红土镍矿。

1.3.2 红土镍矿资源

红土镍矿资源来源于红土镍矿床，红土镍矿床为地壳表层风化壳型矿床，为含镍基性-超基性岩体经风化—淋滤—沉积的残余产物，其主要产于超基性岩(橄榄岩)上部的红土风化壳中，由于矿石中含铁，经历风化过程后铁被氧化成三价态，使矿石呈红色，故被称为红土镍矿。其具有规模大、埋藏浅、综合利用价值高(常伴生或共生铁、钴、铬、锰、钒等)及易于勘探和开采等特点。

1864 年法国首先在大洋洲的新喀里多尼亚发现了红土镍矿。1875 年法国人开始从镍红土中提取镍，为人类生产镍翻开了新的篇章。该类型镍矿床储量大、埋藏浅、易于开采，引起了人们的普遍重视。到 20 世纪末期，在一些近赤道和低纬度的国家和地区(如大洋洲的法属新喀里多尼亚、澳大利亚，中南美洲的古巴、巴西、多米尼加、波多黎各岛、危地马拉，东南亚的印度尼西亚、菲律宾、缅甸，非洲的布隆迪、埃及、科特迪瓦，中国的云南等）及少数中纬度国家和地区（如苏联及欧洲的希腊、德国、波兰、南斯拉夫和阿尔巴尼亚等）相继发现和探明了一大批红土镍矿，其中一些是世界级的大矿，如新喀里多尼亚的戈罗、科尼亚姆波，澳大利亚的马尔伯勒、罗克汉普敦、穆林穆林、雷文斯索普、芒特马加雷特、塞耳斯通，菲律宾的里奥图巴、苏里高，印度尼西亚的哈马黑拉岛、索罗瓦科、加格岛，古巴的莫亚湾，科特迪瓦的锡皮卢、比昂库马-图巴等矿床的镍金属储量均在 200 万 t 以上，世界镍矿资源量大增。

全球红土镍矿主要分布在赤道线南北 30°以内的国家，集中分布在环太平洋的热带-亚热带地区，主要有古巴、巴西、印度尼西亚、菲律宾、澳大利亚、新喀里多尼亚、巴布亚新几内亚等国家和地区。全球红土镍矿带包括南太平洋新喀里多尼亚（New Caledonia）镍矿区、印度尼西亚的摩鹿加（Moluccas）和苏拉威西（Sulawesi）地区镍矿带、菲律宾巴拉望（Palawan）地区镍矿带、澳大利亚的昆士兰（Queensland）地区镍矿带、巴西米纳斯吉拉斯（Minas Gerais）和戈亚斯（Goiás）地区镍矿带、古巴的奥连特（Oriente）地区镍矿带、多米尼加的班南（Banan）地区镍矿带、希腊的拉耶马（Larymma）地区镍矿带，以及阿尔巴尼亚等国的一些镍矿带，我国云南省的元江也有分布。

1.3.3　镍资源应用现状

随着全球经济快速发展，镍的开采量与日俱增，传统的硫化镍矿山开采深度日益加深，矿山开采难度加大，同时近年来硫化镍矿在新资源勘探方面没有重大突破，保有储量急剧下降，导致硫化镍资源开发前景不容乐观。在此形势下，受国际市场上镍价行情高涨、红土镍选冶技术进步等多重因素推动，东南亚地区丰富的红土镍资源吸引了全球矿业投资者的高度关注，得益于东南亚国家邻近的地缘优势，中国企业成了这股投资热潮中的主力军之一。自 2005 年，中国企业先后进入缅甸、菲律宾、印度尼西亚及周边的巴布亚新几内亚等国家，涉足红土镍矿投资项目。在投资企业性质上，既有金川集团股份有限公司、中国中钢集团有限公司、中国有色矿业集团有限公司等国有大型企业，也有以浙江青山钢铁有限公司等为代表的一大批民营企业，甚至还有一些地勘单位。在投资内容上，大部分企业主要针对收购对象国红土镍矿资源的探矿权及采矿权，少量实力雄厚的大企业则开展了地、采、冶一体化开发。投资额度近十亿美元的不乏其例，包括印尼

WP项目、巴布亚新几内亚瑞木镍钴矿项目、菲律宾诺诺克镍矿项目及缅甸达贡山镍矿项目等，因此，从全球镍资源的分布来看，红土镍矿的资源潜力仍然较好。

红土镍矿作为氧化矿的一种，具有分布较广、矿床规模大、矿床类型简单等特点，随着地域不同红土镍矿成分差异较大，在全球范围内还有很多未被开发利用的红土镍矿资源。作为镍资源应用的预备矿产资源，红土镍矿的利用及研究发展现状和趋势越来越受到关注。

长期以来，红土镍矿的勘查重点一直是高品位矿(镍品位在1.5%以上)，但近年来，随着镍矿资源需求的不断增加和镍价的大幅度攀升，中低品位的红土镍矿(镍品位为1.0%~1.5%)也成了重点勘查对象。2006年至2008年上半年，世界镍价处于历史新高期间，国内外众多企业和地勘单位纷纷投资开展红土镍矿的勘查工作，我国红土镍矿资源不占优势，因此，近年来国内一些矿业企业和地勘单位看准时机，纷纷涉足国外红土镍矿的勘查和开发，形成了一股到境外"淘镍"的热潮。

目前国内缺乏系统的红土镍矿成矿理论研究，使找矿、勘查、冶炼等工作面临如下问题：

(1)矿床地质条件较为复杂，查清有用矿物和成矿元素分布规律的难度较大。

(2)虽然红土镍矿具有适宜大规模露天开采、开采成本较低的有利因素，但红土镍矿石冶炼成本较高、大规模开发前期投入相对较大，投资收益受镍价影响较大。

(3)在当前经济技术条件下，很难利用目估法确定矿石的入选品位。

(4)确定岩矿的方法单一，采样密度加大，化学分析是区分矿石和围岩的主要手段。

(5)缺乏系统的红土镍矿项目的评价体系及评价方法，造成了红土镍矿项目风险增加。

1.4 本章小结

目前，随着硫化镍资源的逐步枯竭和开采成本刚性上升，加之新能源动力电池和储能电池兴起，国际上已将镍资源开发重心转移到了红土镍资源，从2010年起，全球来自红土镍矿的镍产量已经超过了来自硫化镍矿的镍产量，并且来自红土镍矿的镍产量所占比重不断上升。

第 2 章　红土镍矿地质特征

红土镍矿床与一般意义上的金属矿床不同，其矿石为基性-超基性岩经风化淋滤富集后含镍、钴等有用组分的“土”，而非坚硬岩石。其矿石“土”中夹杂的未风化或风化残留的砾石及铬铁矿，无法采用目前的冶炼工艺，因此为废石。红土镍矿床的产出规模、分布范围和品位高低与原岩类型、气候条件和地形地貌等多种因素密切相关。因此，红土镍矿地质资源勘探、评估和开发看似简单，实则每个矿床都有自己的特点，认识红土镍矿地质特征对科学评估矿床资源储量和后续配置的冶炼工艺及经济开发有重要的意义。

2.1　红土镍矿基本地质特征

2.1.1　风化壳特征

红土镍矿赋存在红土风化壳内，且严格受地形控制，分布在平缓低山丘陵、缓坡等地区，有利于红土的堆积成矿。风化壳在垂向剖面上有明显的岩相分带，根据其颜色、结构、构造及物质组成划分为 3 个岩性段，各岩性段之间界线为渐变关系，自上而下岩性序列为红土带、腐岩带和基岩带，其中基岩带中 Ni 含量一般低于 0.5%，为矿源层，不形成工业矿体。

1. 红土带

红土带可分为褐红色黏土层和褐红色黏土夹褐黄色黏土层。

褐红色黏土层一般呈红褐色、紫红色，泥质结构，土状构造，由黏土质矿物、铁质物(二者质量分数为95%~97%)及少量原岩残留硅质矿物(质量分数为3%~5%)组成。黏土质由隐晶状、显微鳞片状黏土矿物构成；铁质呈红褐-黄褐色隐晶状，二者混杂，略显定向分布。少量黏土质呈碎屑状外形，零散分布，有的呈残留网格结构。部分铁质呈相对聚集状分布。原岩残留包括斜辉石碎块及不透明矿物颗粒，零散状定向分布为原岩残留矿物。褐红色黏土层主要分布在山坡、山前开阔地带及低山顶部，可直接暴露于地表，或被冲积层及偶尔出现的褐铁矿残坡积层和移积层掩覆。该岩性段一般为边界品位红土镍矿体主要赋矿层位。

褐红色黏土夹褐黄色黏土层：以黄色、黄褐色为主，多呈疏松多孔的土状构造，局部呈粒状构造，泥质结构，与褐红色黏土层相比，颗粒变粗，主要为风化残留的碎石、小颗粒，主要矿物有针铁矿、褐铁矿，由橄榄岩经长期强烈风化形成，与上部红色黏土层呈渐变过渡，铁含量较上层低。该岩性段一般为边界品位红土镍矿体主要赋矿层位。

2. 腐岩带

腐岩带主要为黄绿色、黄褐色风化土状、碎块，部分风化蚀变较强者形成各种颜色的杂斑土，泥质结构，残余网格结构，块状构造。岩石由橄榄石假象(质量分数90%~95%)、单斜辉石(质量分数5%~10%)组成。橄榄石呈粒状杂乱分布。蛇纹石黏土质、铁质等交代明显，单偏光显微镜下见残留网格结构，少见网眼内有橄榄石残留。蛇纹石呈纤状、鳞片状等；黏土质呈隐晶状、微细鳞片状，铁质呈黄褐色粉状，黏土质、铁质呈混杂状交代蛇纹石，少量橄榄石、黏土质集合体呈似斜长石假象，该带的矿物成分、化学成分及构造在垂向上变化很大，且往往是逐渐过渡的。根据腐岩构造，腐岩带又可进一步划分成3段，即上部的红黄色土状腐岩段、中部的黄绿色土块状腐岩段和下部的浅黄色至浅灰色块状腐岩段，无论是上部还是下部，腐岩带均常见未风化或弱风化的原岩残块。残块中心通常风化较弱，边部风化相对较强，形成腐泥质外壳，即所谓的腐泥土边缘结构。在底岩块体之间，常见暗镍蛇纹石、硅质及少量菱镁矿沿裂隙和孔隙充填。该岩性段一般达工业矿体的含矿层位。

3. 基岩带

该带直接发育在原生基岩之上，风化作用较弱，多沿岩石的节理和裂隙发育。其矿物成分主要取决于原岩的矿物成分，但沿节理、裂隙常有少量的铁、锰氧化物，氢氧化物及硅镁镍矿充填。该带镍含量较低，一般为 0.3%~0.5%。

总之，含镍红土风化壳剖面总厚度一般为 30~50 m；在不同地区、不同气候条件下各带的发育程度有很大差异。一般而言，在褐铁矿带特别厚大的地方，腐岩带较薄；在腐岩带发育的地方，红土带则不甚发育；而红土带发育的地方，腐岩带不甚发育。

2.1.2　矿体特征

1. 矿体形态及产状

根据形态和产状，红土镍矿体可分为 3 种基本类型，即面型矿体、裂隙型矿体和接触喀斯特型矿体。

面型矿体多呈层状、似层状覆盖于超基性岩体之上，一般规模较大，分布面积可达数平方千米以上，厚度自数米至三四十米。矿石的垂直分带明显，并与含镍红土风化壳的典型分布特征一致。此类矿体的形态、产状和厚度均受地形控制。一般而言，该类矿体顶板起伏与地形起伏变化大致吻合，矿体底板形态受基岩裂隙、节理的影响，常呈锯齿状；在地形相对较为平缓的地段，矿体厚度较大且连续性较好；在坡度较陡的斜坡地段及冲沟切割较深的地段，矿体较薄，连续性相对较差，局部地段甚至有基岩出露。此类矿体广泛发育于热带、亚热带地区，是红土镍矿最常见、最重要的矿体类型。

裂隙型矿体一般呈楔状，沿构造断裂带自上向下延伸，深度为 150 m 左右。矿石垂直分带中褐铁矿带特别发育，而红土带往往缺乏。新喀里多尼亚、俄罗斯等地产有此类矿体。

接触喀斯特型矿体沿超基性岩与钙质围岩接触带发育，多呈似层状、透镜状、不规则状。其一般规模中等，延深较大，有的达 200 m。矿石也具垂直分带现象，上部为褐铁矿带，下部为腐岩带，但多与围岩角砾和碎块混杂。俄罗斯、古巴等地产有此类矿体。

2. 矿体结构及品位变化规律

从理论上讲，典型的红土镍矿体自上而下由4层组成：第一层为含镍土壤层，镍含量一般较低，通常不具经济开采价值，被当作浮土层除去；第二层为褐铁矿层，褐铁矿的主要成分为针铁矿，该层镍含量偏低，在0.8%至1.5%范围内波动，钴含量为0.1%~0.3%，由于褐铁矿层遭受强烈红土化作用，铁含量较高，一般大于36%，氧化镁含量较低，一般低于5%；第三层是含矿层，含镍量最高，为3%以上，该层主要含镍矿物有两种，即蛇纹石和硅镁镍矿，由于风化作用不彻底，腐岩层镁和硅的含量比较高，铁含量较低；第四层是弱风化的基岩，镍原始含量在0.25%左右，一般不能开采。事实上，红土镍矿的矿体结构是比较复杂的，在褐铁矿层和腐岩层之间有时有过渡层(即黏土层)。

2.1.3 矿石特征

1. 矿石矿物成分

红土镍矿床的矿石矿物主要为硅酸盐矿物和氧化物矿物。镍的含水镁硅酸盐(镍蛇纹石、硅镁镍矿、镍绿泥石)、铁的含水镁硅酸盐(绿脱石)、铝的含水镁硅酸盐(多水高岭石)、铁的氧化物(褐铁矿、针铁矿、含水针铁矿)和锰的氧化物(硬锰矿和锰土)在此类矿床的矿石中占主要地位。

红土镍矿一般由分布在上部的红土氧化镍矿层和下部的硅酸镍矿层组成。前者矿物成分以表生的褐铁矿、针铁矿、赤铁矿、锰土类、钴土类、铝土类及少量黏土类矿物为主。后者矿物成分以淋滤作用生成的绿脱石、含镍的蛇纹石、硅镁镍矿(暗镍蛇纹石)、镍绿泥石、石英等矿物为主。

红土镍矿石中的矿物按来源和成因可分为3类：第一类为原岩超镁铁岩的原生矿物及内生蛇纹石化等蚀变作用生成的矿物，如橄榄石、斜方辉石、单斜辉石、铬尖晶石、磁铁矿、蛇纹石、绿泥石、滑石等；第二类为原岩超镁铁岩经表成水淋滤作用直接自水溶液中形成的矿物，如各种镍的黏土矿物，含镍的新生蛇纹石、绿泥石、石英等；第三类为原岩超镁铁岩在地表氧化带经表层富氧水充分氧化后形成的矿物，如针铁矿、赤铁矿、铝土矿、锰土、钴土等。

橄榄石、斜方辉石、单斜辉石等3种矿物为原岩超镁铁岩的主要造岩矿物。根据前人的矿物化学分析结果，橄榄石中的镍、钴含量分别约为0.29%、0.01%，远远超过斜方辉石和单斜辉石中镍、钴元素的含量，因此可以认为红土镍矿床中的镍、钴基本上来源于橄榄石。

蛇纹石、绿泥石、滑石为超镁铁岩在内生蛇纹石化阶段生成的主要蚀变矿物。蛇纹石中的镍含量一般与橄榄石相近，可见橄榄石中的镍基本进入了蛇纹石中；内生的绿泥石和滑石一般不含镍或含镍量很少。蛇纹石、绿泥石、滑石都是含结晶水的镁硅酸盐矿物，其中的镁常能与淋滤水溶液中的镍发生离子交换，从而使原生的富镁矿物变成富镍矿物，这些富镍的内生矿物一般通称为含镍蛇纹石、含镍绿泥石和含镍滑石。

硅镁镍矿（暗镍蛇纹石）、绿泥石、绿脱石（绿高岭石）为淋滤水溶液生成的次生富镍含水硅酸盐矿物，它们是红土镍矿石中最主要的造矿矿物（镍的工业矿物）。

石英、玉髓、蛋白石等矿物是超镁铁岩受地下水作用生成的硅质固化后形成的次生矿物。硅胶凝体蛋白石（$SiO_2 \cdot nH_2O$）随着结晶作用转变为玉髓，进而成为石英。因硅质在胶凝状态时容易吸附镍、锰、铁等离子，所以硅胶凝体蛋白石有时含有较多的镍。

赤铁矿、针铁矿、水针铁矿等矿物为原岩超镁铁岩在地表氧化带经表层富氧水充分氧化后形成的矿物。由超镁铁岩破坏后析出的 Fe^{2+} 在水溶液中极易溶解，在氧化环境中常被氧化成为 Fe^{3+}，并与水结合而成胶状的 $Fe(OH)_3$，后者结晶后即成针铁矿。胶体与针铁矿的过渡相为含水较多的凝胶相水针铁矿。水针铁矿在氧化带脱水后又重结晶成赤铁矿。

钴土与锰土是由铁、锰、钴的氧化物构成的混合物，系在水溶液中经氧化作用形成的。钴土与锰土实际上并无太大的区别，主要据两者钴含量的多少及经济意义命名。钴土与锰土除含大量氧化铁以外，尚含丰富的钴、镍、锰的氧化物。其中钴含量为0.2%~0.3%，镍含量为1%~3%，锰含量一般为30%。

2. 矿石结构和构造

红土镍矿属风化淋积矿床，因此矿石中多见次生构造，但部分地段及深部矿石仍保留了原岩的结构、构造。矿石有假象、碎裂、残余和交代网格等结构；有土状、土块状、致密块状、胶状、多孔状、豆状和网脉状构造等。红土风化壳上部的硅酸盐矿物分解形成的 SiO_2 胶体沿裂隙或节理充填形成含镍绿蛋白石、石髓脉，矿石中还可见蜂窝状、网格状构造。

3. 矿石化学成分

红土镍矿石中除含镍、钴等有用元素外，其主要化学成分还有铁、镁、铝、锰、硅等。

世界各地不同类型的红土镍矿石中，不仅镍等有用元素含量变化较大，而且其他化学成分如 SiO_2、MgO 和 Al_2O_3 的含量变化也较大。总体而言，褐铁矿带矿石的化学成分特征是高铁低镁，钴、铬含量亦相对较高，由下向上除 Fe、Cr 保持稳定上升外，其他 Ni、Co、Mn、Mg 的含量均明显下降，镍含量多为 0.8%~1.5%。黏土带矿石的化学成分特征是由下向上 SiO_2 含量增高，MgO 含量降低，Co、Mn 含量在该带的顶部达到顶峰，镍含量多为 1.5%~1.8%。腐岩带矿石的化学成分特征是高镁低铁，由下向上镁含量逐渐减少，硅含量逐步增高，但镍含量变化情况较复杂，多数情况下在腐岩带中上部含量较高，部分情况下在腐岩带下部含量较高；腐岩带矿石的镍含量多为 1.8% ~3.0%。

需要说明的是，由于近年来红土镍矿的开发技术有了明显进步，加上镍价的大幅度攀升，红土镍矿的镍最低工业品位由以前的 1.5%左右下降到近年的 1.0%左右，世界黏土带矿石和腐岩带矿石的镍含量变化范围的下限明显下降，估计在 0.5%左右。

2.1.4 元素赋存状态

红土镍矿是超基性岩红土化过程的产物，该过程在微观尺度上表现出复杂的元素地球化学及矿物学演变特征。超基性岩中造岩元素在内生作用下紧密共生，暴露在表生环境后，由于受氧化作用、水解作用、碳酸作用等表生作用影响，红土化过程中元素迁移行为产生差异。氧化作用促使基岩原生矿物中的变价元素氧化(如 $Fe^{2+}\rightarrow Fe^{3+}$)，形成在表生条件下稳定的较高价次氧化物或氢氧化物。水解作用引起矿物分解，OH^-离子和矿物中的金属阳离子一起溶解于水而被带出，H^+与铝酸络阴离子结合形成难溶黏土矿物而残留在风化壳中。碳酸作用对硅酸盐和铝硅盐矿物分解起着重要作用，致使矿物中的阳离子及二氧化硅被带出。生物作用也是加快超基性岩红土化的重要因素，微生物的生理活动和有机体的分解，能生成大量的二氧化碳、硫化氢和有机酸等，改变红土剖面的物理化学环境，还可能参与元素地球化学迁移。

Fe、Al、Ti、Cr 等元素表生迁移能力差，在红土剖面的中上部显示富集，可代表超基性岩红土化过程的原地残留富集组分。Fe_2O_3 是含量最高的残留组分，最高富集程度可超过 60%。Fe 自镁铁橄榄石及富铁辉石风化后被释放，由于其在表生环境的强惰性特征，基本残留在地表。红土层顶部的铁氧化物主要包括赤铁矿和针铁矿。针铁矿存在的范围可从表层一直延伸至中下部的腐岩带。在剖面顶部，针铁矿脱水后可重结晶成赤铁矿。Al 主要来源于超基性岩母岩中的辉石矿物，斜方辉石和单斜辉石中 Al 的含量近于橄榄石的 10 倍。辉石的风化作用晚于橄榄石，且风化产物与橄榄石不同，其产物主要是蒙脱石类矿物。蒙脱石及其再风化产物如绿泥石等构成了红土剖面中 Al 的主要载体矿物。世界上若干富镍红土中 55%~75%的 Cr 存在于铬尖晶石中，铬尖晶石在表生环境中高度稳定，这与 Cr 集中分布于红土剖面中上部相符。Ti 与 Cr 相似，多赋存于尖晶石矿物内，在红土化过程中被原地残留。

Mg、Si 等元素的表生迁移能力强，一般自上而下含量逐渐增高，可代表淋滤缺失组分。Mg 和 Si 均在橄榄石风化后进入表生渗滤流体。在渗滤水流动不畅的环境中，或在降雨量少的干燥季节，SiO_2 会在红土剖面中部集中沉淀，形成网脉状硅化脉门。局部地带也可见网脉状硅化脉门，其可作为“硅帽”保护下部的硅酸盐镍矿层并降低被剥蚀速率。Mg 相对 Si 的表生迁移能力更加活跃，且其在红土剖面中的载体矿物极其复杂。基岩部分蛇纹石化含 Mg 的初始矿物包括橄榄石、蛇纹石和水镁石等，这些矿物中的 Mg 在红土化过程中先后被淋滤迁出，部分形成含 Mg 的中间产物如蒙脱石、绿泥石和次生富集蛇纹石、滑石、海泡石等。部分 Mg 会随地表水流动直接迁移出红土剖面。研究表明，Mg 是超基性岩红土剖面淋滤水溶液中含量最高的金属离子，质量分数可达 33.49×10^{-6}。

Mn、Ca、Co、Ni 等元素的表生迁移能力偏低，在红土剖面的中下部显示次生富集，可代表淋滤富集组分。Mn、Ca、Co、Ni 等元素在超基性岩的造岩矿物中均属于 Mg、Fe 的类质同象元素，背景含量低。该类元素在地表环境中主要以重碳酸盐形式迁移，还原酸性介质条件及溶解的 CO_2 能促进重碳酸盐的稳定性。Mn 和 Co 元素的迁移能力低于 Ni，多以氧化物形式沉淀于含水铁氧化带下部，充填在针铁矿等杂基矿物的粒间孔隙或构造微裂隙中。矿化剖面上 Co 与 Mn 的地球化学特征为显著线性正相关关系，指示二者的地球化学行为一致。Co 常以类质同象形式进入结晶程度较差的 Mn 氧化物或 Mn 含水氧化物晶格，其含量高者称为“锰钴土”。“锰钴土”多分布在土状腐岩层中，在土状腐岩层与土块状腐岩层的分界处，呈残留衬里状、充填物或镶边状赋存于裂隙或节理中，在断面或断口上表现为黑色斑点。Co 在本研究剖面矿化富集效应不明显。Ca 在红土剖面中下部显示少量富集，矿物分析未发现独立 Ca 质矿物，这可能与矿物颗粒与溶液之间的离子交换反应或类质同象替代作用有关。

2.2 红土镍矿床

2.2.1 矿床分类

红土镍矿是基性、超基性岩风化淋滤富集而成的风化壳型矿床，因其成矿受风化作用强弱及母岩条件、气候条件、地形地貌、排水系统、大地构造和岩石构造等多因素影响，其矿床分类有多种：在不同的气候条件下，呈现长期湿热型、湿热-干燥型、干燥-湿热型等 3 种矿化类型，可大致分为湿型、干型两大类；在不同的红土风化壳排水条件下，呈现自由排水型和排水受阻型 2 种矿化类型；在不同的母岩条件下，呈现纯橄榄岩型、橄榄岩型、蛇纹石化纯橄榄岩型与蛇纹石化橄榄岩型 4 种矿化类型；在不同载镍矿物下，呈现铁氧化物型(氧化物型)、水镁硅酸盐型和黏土硅酸盐型(黏土型)3 种矿化类型。但矿物/资源的本质是供人类开发利用的，适宜的矿床分类方案应该兼具科学性和开发利用性，因此结合后期冶炼利用，红土镍矿分类方案主要有 2 种，即按气候特征分类和按载镍矿物分类。

1. 按气候特征分类

红土镍矿形成受古地形地貌和古今气候的影响很大，特别是气候条件对红土镍矿的形成有着显著的影响，故按矿床区域气候特征，可将红土镍矿划分为如下 2 种类型(表 2-1)。

(1)“湿型”红土镍矿。

“湿型”红土镍矿一般产于赤道附近热带雨林气候区，分布于以山区地貌为主的区域，雨量充沛、水系发育、风化淋滤作用强烈、原岩风化强烈，形成的红土镍矿床镍平均品位相对较高，平均品位为 0.8%~2.5%，硅镁质含量低，成分相对较简单，覆盖层较薄，易开采、易处理。其主要分布于新喀里多尼亚、印度尼西亚、菲律宾、古巴、巴布亚新几内亚和加勒比海地区等国家或地区。受冶炼技术和市场影响，目前全球开发的红土镍矿主要为“湿型”红土镍矿。

（2）“干型”红土镍矿。

“干型”红土镍矿一般产于热带草原气候或热带沙漠气候区，一般分布于以准平原地貌为主的区域，降雨相对较少、地表水系不发育、风化淋滤作用较弱、原岩风化较弱，形成的红土镍矿床镍平均品位相对较低，物质成分复杂，硅镁含量高，含泥类矿物多，上部覆盖层较厚，开采剥离量相对较大，不易处理。其主要分布于距赤道较远的南半球大陆，在土耳其等亦有分布，以西澳大利亚为代表，主要矿床有穆林穆林（MurrinMurrin）、布隆（Bulong）、考斯（Cawse）及雷文思索普（Ravensthorpe）。

表 2-1　两种类型红土镍矿的比较

比较项目	“湿型”红土镍矿	“干型”红土镍矿
矿石品位	镍品位较高，$w(Ni)>1.1\%(1.3\%\sim 2.5\%)$，$w(Co)>0.08\%$	镍品位较低，$w(Ni)$为$0.8\%\sim 1.1\%$，$w(Co)$为$0.05\%\sim 0.08\%$
矿物成分	含黏土较少，易处理	含黏土较多
原岩	蛇纹石化强烈	蛇纹石化较弱
风化作用	地表水系发育，风化强烈	地表水系不发育，干型风化
地形及开采条件	山区地貌为主，开采条件相对不利	长期准平原化，开采极易

2. 按载镍矿物分类

考虑到不同的载镍矿物在冶炼工艺上的差异性，按载镍矿物进行分类不仅能反映矿床勘查过程中的基本地质规律，还能与矿床后续资源的开发利用相联系。

依据矿化剖面结构和主要载镍矿物特征，把红土镍矿床的矿化类型分为铁氧化物型、水镁硅酸盐型和黏土型3种，由目前全球勘探情况可知，这三种矿化类型的红土镍矿床数量比例分别为52%、38%和10%。

（1）铁氧化物型红土镍矿。

铁氧化物型红土镍矿床以残余红土带特别发育且腐岩带薄为特征，含水铁氧化物和氢氧化物为红土剖面的主要矿物成分，主要载镍矿物为含镍针铁矿，矿床镍平均品位在1.0%左右，代表性矿床有土耳其的查尔达格 Caldag、古巴的莫亚湾（MoaBay）、澳大利亚的考斯（Cawse）和雷文斯索普（Ravensthorpe）。此类矿床的品位一般在1.0%左右。

(2)水镁硅酸盐型红土镍矿。

水镁硅酸盐型红土镍矿一般以红土剖面底部出现富镍含水硅酸盐矿物层为特征，主要载镍矿物为硅镁镍矿，含水硅酸盐质红土镍矿床大多数在构造活动频繁、热带气候环境和排水系统相对发育的地域产出，并且以镍含量高为特征，新喀里多尼亚、印度尼西亚、菲律宾、巴布亚新几内亚和加勒比海地区等国家或地区产出的红土镍矿床均属这种类型，此类型红土镍矿床腐岩带比较发育，主要矿石矿物是含水镁-镍硅酸盐矿物，以镍含量高为特征，平均品位为1.5%左右。

(3)黏土型红土镍矿。

黏土型红土镍矿以在红土剖面中上部层位出现以蒙脱石为主的黏土类矿物层为特征，主要载镍矿物为含镍蒙脱石和含镍针铁矿，主要含矿层是绿脱石过渡带。矿床主要发育在距赤道较远的南半球大陆，以非洲科特迪瓦的斯皮楼(Sipilou)、莫杨哥(Moyango)、澳大利亚的穆林穆林(MurrinMurrin)、布隆(Bulong)等矿床为代表，此类矿床的品位一般在1.20%左右。

3. 按矿石矿物分类

根据矿石矿物成分，可将红土镍矿石细分为氧化物(褐铁矿)型矿石和硅酸盐型矿石，在同一矿床中，这两种矿石常常共生，但从经济观点来看，同一矿床中或以硅酸盐型矿石为主，或以氧化物型矿石为主。

(1)氧化物(褐铁矿)型矿石。

氧化物(褐铁矿)型矿石主要产于矿床的上部(褐铁矿带及红土带上部)。矿物成分以表生的针铁矿、赤铁矿、锰土类、钴土类、铝土类及少量黏土类矿物为主。铁含量一般为36%~50%，近地表含量较高，向下逐渐降低；镍含量变化较大，一般为0.8%~1.6%；钴含量为0.08%~0.3%。镍多以类质同象或吸附的形式存在于铁的氧化物和黏土矿物之中。矿石中铁含量高、镍含量低，硅、镁含量较低，钴含量较高。这种矿石以前主要采用湿法冶金工艺处理，但近年来中国也采用火法冶金工艺处理，用来生产镍铁和不锈钢。

(2)硅酸盐型矿石。

硅酸盐型矿石主要产于矿床的下部(腐岩带)，矿物成分以淋滤作用生成的含镍蛇纹石、暗镍蛇纹石、含镍绿脱石、镍绿泥石及石英等矿物为主。镍含量比较稳定，一般为1.2%~3.0%，镍主要以类质同象形式赋存于表生含水硅酸盐矿物中。矿石中硅、镁含量较高，铁、钴含量较低。这种矿石宜采用火法冶金工艺处理。

综合研究表明，红土镍矿的矿床类型主要受气候和构造隆升状态控制。在大范围内，热带半干旱气候条件是黏土型红土镍矿床形成的决定性因素。澳大利亚西部具典型的热带半干旱气候，因此与世界其他地区相比，该区黏土型红土镍矿最为发育，也最为典型。而印度尼西亚具典型的热带雨林气候，主要发育水镁硅酸盐型红土镍矿，不产黏土型红土镍矿。一般来说，由地壳均衡调节作用及断层运动联合控制的缓慢连续的差异构造隆升，往往导致潜水面在风化壳剖面中长期保持低位，多形成水镁硅酸盐型红土镍矿；而仅由地壳均衡调节作用控制的缓慢连续的非差异性的区域构造隆升，随着时间的推移，地形起伏往往越来越小，多形成铁氧化物型红土镍矿。比如，古巴东部与多米尼加共和国的红土镍矿是在相似的气候条件下，由成分类似的超基性岩风化形成，但矿床类型却不同，古巴东部多为铁氧化物型红土镍矿，多米尼加共和国大多为水镁硅酸盐型红土镍矿。

此外，红土镍矿的矿床类型还受地形地貌、排水条件、岩性(包括蛇纹石化程度)的影响。在地势起伏相对较大的地区，由于潜水面在剖面中的位置低，相对易形成水镁硅酸盐型红土镍矿；而地形起伏小或非常平缓的地区，由于排泄受阻、浅水面高，则不易形成水镁硅酸盐型红土镍矿。澳大利亚西部有许多黏土型红土镍矿产出，这不仅与当地的热带半干旱气候有关，还与地形比较平缓、排水不畅有关。蛇纹石化不仅会降低排水性能，还会影响腐岩带的发育程度，从而影响矿床类型。部分或全部蛇纹石化的母岩，通常形成较厚的腐岩带，而未蛇纹石化的纯橄榄岩，通常形成薄的石质腐岩层。如新喀里多尼亚纯橄榄岩典型风化剖面中，褐铁矿层的厚度约为 30 m，腐岩层(基本上均为石质腐岩层)的厚度一般仅为 1 m 左右。虽然水镁硅酸盐型红土镍矿、黏土型红土镍矿、铁氧化物型红土镍矿 3 种红土镍矿床均可以由橄榄岩原岩风化形成，但未蚀变的纯橄榄岩倾向形成具薄的石质腐岩层的铁氧化物型红土镍矿，而黏土型红土镍矿仅由蛇纹石化橄榄岩或蛇纹岩风化形成。未蚀变的纯橄榄岩之所以往往形成铁氧化物型红土镍矿，是因为橄榄石与黏土矿物的晶格大小不匹配，橄榄石分解后很少形成黏土矿物。由于大地构造背景与地壳构造隆升状态有关，且对地形地貌、排水条件都有一定或较大影响，因此其也是影响红土镍矿矿床类型的主要因素。一般来说，克拉通地区通常为缓慢连续的区域构造隆升，地形一般比较平缓、排水条件差，因而不利于水镁硅酸盐型红土镍矿的形成，如澳大利亚西部的伊尔冈克拉通地盾。而增生地体的构造隆升多数情况下为差异构造隆升，因而地形起伏一般相对较大、排水条件好，相对有利于水镁硅酸盐型红土镍矿的形成，如缅甸达贡山红土镍矿床。不过，在一段不太长的时期，如数百万年的某一个地质阶段，增生地体的地壳也可能相对稳定，构造隆升也可能为缓慢连续的区域构造隆升，这种情况则有利于铁氧化物型红土镍矿的形成，最典型的就是前面提及的古巴东部的红土镍矿床。

2.2.2 矿床分布

1. 空间分布特征

红土镍矿床主要分布在赤道附近的新喀里多尼亚、澳大利亚、印度尼西亚、菲律宾、古巴、巴西、哥伦比亚、多米尼加和科特迪瓦等国。根据红土镍矿床的地理分布，可将全球的红土镍矿大致分为大洋洲、东南亚、中南美洲、非洲、欧洲和乌拉尔等6个主要成矿区，此外，中国、印度、美国等地也有少量红土镍矿分布。各成矿区的资源分布和地质特征如下。

(1)大洋洲成矿区。

大洋洲是世界上红土镍矿最丰富的地区之一，其中大部分产于新喀里多尼亚及澳大利亚，巴布亚新几内亚、所罗门群岛及新西兰有少量分布。

新喀里多尼亚为位于大洋洲东北部的一个岛国，北西长约400 km，北东宽约48 km，面积约19000 km^2；其为中生代以后由于太平洋板块向澳大利亚板块俯冲而逐步形成的一个岛弧，区内岩层主要为中新生代的蛇绿岩套、火山岩及碎屑沉积物；全岛约75%的面积分布有超镁铁质-镁铁质岩系；岛上已知的红土镍矿产地有1500余处，比较集中地分布于该岛的东、西海岸。

澳大利亚的红土镍矿也相当丰富，镍矿的成矿母岩(超镁铁岩)主要是前寒武纪或古生代侵位的，主要产于东北部昆士兰州的格林维尔、南澳州的文吉利及西澳州的卡尔古利以北地区。澳大利亚的红土镍矿以含钴量较高为特征，往往形成很有价值的红土镍钴矿床。

本成矿区内重要矿床地有新喀里多尼亚的戈罗(Goro)、科尼亚姆波(Koniambo)、努美阿(Noumea)、蒂翁(Thio)、库阿奥阿(Kouaoua)、尼泊伊(Nepoui)、纳凯蒂(nakety)，澳大利亚昆士兰州的马尔伯勒(Marlborough)、罗克汉普敦(Rockhamptan)、格林维尔(Greenvale)，南澳州的文吉利(Wingelinna)，西澳州的卡尔古利(Kalgoorlie)、雷文斯索普(Ravensthorpe)、芒特马加雷特(MtMargaret)、穆林穆林(MurrinMurrin)、考斯(Cawse)、布隆(Bulong)、贡加里(Goongarrie),新南威尔士州的塞耳斯通(Syerston),塔斯马尼亚州的比肯斯菲尔德(Beaconsfield),以及巴布亚新几内亚的马鲁姆(Marum)和拉姆(Ramu)。

(2)东南亚成矿区。

东南亚也是世界上红土镍矿最丰富的地区之一,该地区红土镍矿大部分产于印度尼西亚和菲律宾,少部分产于缅甸,少量产于马来西亚。印度尼西亚的红土镍矿主要分布于东部,矿带可从中苏拉威西的西部一直延伸到哈马黑拉、奥比、格贝、加格、瓦伊格奥群岛以及伊里安查亚的鸟头半岛和塔纳梅拉地区。菲律宾的红土镍矿分布在菲律宾群岛的东、西缘,与蛇绿岩带的分布相一致。缅甸的红土镍矿主要沿若开山脉东缘长约1000 km的南北向晚三叠世—早始新世蛇绿杂岩带分布。

本成矿区内重要矿床地有印度尼西亚的哈马黑拉岛(Halmahera)、索罗科(Soroako)、加格岛(Gag)、波马拉(Pomalaa)、格贝岛(GebeIs.)、哇格岛(WaigeoIs.)、普劳塞布库(Pulau Sebuku)、昔克鲁普(Cykloop)、库库桑(Kukusan)、北科纳威(Konawe Utara)、苏巴印(Subaim)和马布里(Mabuli),菲律宾的苏里高(Surigao)、里奥图巴(Rio Tuba)、圣克鲁斯(SantaCruz)、诺诺克岛(NonocIs.)、赛莱斯泰尔(Celestial)和贝龙(Berong),缅甸的达贡山(TagaungTaung)和莫苇塘(Mwetaung)。

(3)中南美洲成矿区。

中南美洲红土镍矿资源十分丰富,主要分布于古巴、巴西、危地马拉、多米尼加、波多黎各、哥伦比亚和委内瑞拉等赤道与近赤道国家,其中又以古巴、巴西、危地马拉等国最为丰富。本成矿区原生岩石(母岩)类型有2种:一种为中、新生代造山活动带逆冲蛇绿岩套蚀变蛇绿岩,如古巴、危地马拉等的一些镍矿床的母岩;另一种为前寒武纪地盾区绿岩带内的超镁铁质岩,如巴西东南部的镍矿床的母岩。本成矿区红土镍矿床中除蕴藏着丰富的镍资源外,还伴(共)生有钴、铁、锰等矿产。

古巴的红土镍矿主要分布在东北部近海岸的马亚里—巴腊夸地区东西长100~200 km、南北宽30~35 km的区域。巴西的红土镍矿多分布在南纬8°~25°区域,并主要集中于西部的戈亚斯州及北部的巴拉州,其次在东北地区的巴伊亚州和东南部的米纳斯吉拉斯州也有发育。危地马拉的红土镍矿主要分布在东部离加勒比海海滨巴里奥斯港约80 km的内地,矿床主要分布在伊萨瓦尔湖南北两岸由部分蛇纹石化的橄榄岩构成的东西向广阔的山丘地区。

本成矿区内重要矿床地有古巴的莫亚湾(MoaBay)、尼卡罗(Nicaro)、马亚里(Mayarí)和卡雅尔巴(Cajalbane),巴西的翁卡普马(Onca Puma)、尼克兰迪亚(Niquelǎndia)、上巴鲁(Barro Alto)、韦尔梅柳(Vermelho)、塞拉多斯萨拉亚斯(Serradoscarajas)和普拉塔波利斯(Pratapolis),危地马拉的莱克伊萨贝尔(LakeIz-abal),多米尼加的法尔卡多(Falcondo),波多黎各的马亚圭斯(Mayaguez),哥伦比亚的塞罗马托索(Cerro Matoso),委内瑞拉的洛马海罗(LomaHierro)。

(4)非洲成矿区。

本成矿区内红土镍矿资源主要分布在非洲西部、中部及北部地区。此外,马达加斯加岛也有规模较大的红土镍矿产出。红土镍矿主要为超镁铁质岩经新生代风化作用形成。本区红土镍矿多数只有次经济意义,具开采价值的只有科特迪瓦、布隆迪、埃及、喀麦隆和马达加斯加的少数几个矿床。

本成矿区内重要矿床地有科特迪瓦的锡皮卢(Sipilou)和比昂库马—图巴(Biank-ouma-Touba),布隆迪的穆加加蒂(Musongati),埃及的圣约翰岛(St. John's Island),马达加斯加的安巴托维(Ambatovy)。

(5)欧洲成矿区。

本成矿区内已查明的红土镍矿主要分布在欧洲的希腊、塞尔维亚、波兰、阿尔巴尼亚等国以及与其紧邻的西亚土耳其。欧洲北西—南东向的代那里克和阿尔卑斯两个造山带中分布的超镁铁质-镁铁质侵入体,在中生代热带气候条件下,经化学风化作用形成了一些红土镍矿。

本成矿区内重要矿床地有希腊的埃维厄岛(EuboeaIs.)、拉雷姆纳(Larymna)和弗里萨基亚(Vrissakia),塞尔维亚的格拉维萨-锡卡托沃(Glavica-Cikatovo),马其顿的热扎诺沃(Rzanovo),波兰的宗布科维采(Zabkowice),阿尔巴尼亚的库克斯(Kukes),德国的圣埃吉丁(St. Egidien),土耳其的查尔达格(Caldag)。

(6)乌拉尔成矿区。

本成矿区内已查明的红土镍矿主要分布在俄罗斯乌拉尔的中部和南部,少量分布在北哈萨克斯坦。本成矿区的红土镍矿是超镁铁岩(其中常常含一定比例的纯橄榄岩)在三叠—侏罗纪炎热气候条件下风化形成的,一般直接产于超基性岩风化壳中,矿体露出或接近地表,多数可露天开采;部分矿石的镍含量较高,为1.8%~2.5%。本成矿区内重要矿产地有上乌法列依(Вéрхний Уфалéй)、利波夫斯克(Липовск)、哈里洛夫(Халилов)、布鲁克塔尔(Буруктал)和肯皮尔赛(Кемпирсай)。

除上述6个成矿区外，尚有几处零星分布少量红土镍矿，如中国云南省的元江和德宏邦滇寨、青海省海东市平安区元石山，印度奥里萨邦的苏金达(Sukinda)、Kansa、Kaliapani、Saruabil、Bhimatangar，以及美国俄勒冈州西南部的里德尔(Riddle)。这几处零星分布的红土镍矿已查明的镍资源总量为300多万t。

2. 垂向分布特征

红土镍矿体在矿石矿物成分、矿石化学成分、矿石类型、矿石品位等方面一般都存在明显的垂向分带特征，各带之间及亚带之间通常是渐变过渡的。

一般来说，在雨量充沛的热带、亚热带地区，若地形有一定的起伏，地下水局部排泄条件较好，所形成的矿体通常具有2层结构，上部为氧化镍矿层，下部为含水镁硅酸镍矿层。前者主要含镍矿物是褐铁矿、针铁矿、锰(钴)土类，矿石化学成分以高铁低镁为特征，铁含量一般大于40%，氧化镁含量一般小于5%，矿石镍品位一般小于1.2%，但最高可达1.5%；后者主要含镍矿物是淋滤作用生成的镍蛇纹石、硅镁镍矿(暗镍蛇纹石)、镍绿泥石及滑石，矿石化学成分以高镁低铁为特征，矿石品位大于上覆的氧化镍矿层，一般为1.2%~3.0%。

若为热带半干旱气候(如澳大利亚西部)或季节性潮湿的温带地中海、温带大陆性气候(巴尔干、乌拉尔等地区)，且/或地形非常平缓、基岩蛇纹石化强烈，所形成的矿体往往具有3层结构，上部为氧化镍矿层，中部为黏土硅酸盐矿层，下部为含水镁硅酸盐矿层。其中，黏土硅酸盐矿层的主要含镍矿物一般为绿脱石、镍绿泥石，其次为褐铁矿、针铁矿，有时还含部分镍蛇纹石，其矿石化学成分特点介于氧化镍矿层和含水镁硅酸镍矿层之间，铁含量一般为25%~40%，氧化镁含量一般为5%~15%；矿石镍品位一般为1.0%~1.5%，平均为1.2%左右。

2.2.3　矿床特征

红土镍矿为含镍基性-超基性岩经风化—淋滤—沉积的残余产物，无论何种矿化类型，总结起来，均具有以下共同特点。

1. 矿床分布相对集中

红土镍矿大多集中分布在环太平洋亚热带-热带多雨地区，典型海洋气候的阵发性降雨和地壳缓慢上升，为该类型矿床的形成提供了必要的条件。矿床主要分布在印度尼西亚、菲律宾、古巴、巴西、澳大利亚、巴布亚新几内亚等。

2. 矿床规模较大

红土镍矿一般以多个矿体集中连片分布，面积从几平方千米到几百平方千米，单个矿体规模常可达到大型或超大型，连片矿区蕴藏的镍金属量为几十万吨到几百万吨，甚至可达上千万吨。

3. 矿床类型及矿体形态简单

红土镍矿属基性-超基性岩风化—淋滤—沉积残余矿床，矿体产于超基性岩上部的红土风化壳中；矿体形态简单，呈似层状面形分布，范围大体与红土风化壳一致，受地形表面起伏形态的控制明显。

4. 矿石类型相对简单

红土镍矿的矿石自然类型以褐铁矿型和腐岩型为主，工业类型为硅酸镍氧化矿石，镍主要呈类质同象或以吸附状态分布在矿物中，分布较均匀。

5. 伴生、共生组分较多

红土镍矿伴生、共生组分较多，常见的有铁、镁、铬、锰、钴、钒等元素，矿石综合利用价值较高，是冶炼优质钢材的“天然合金矿石”。

6. 矿石水分含量高

红土镍矿床的含矿层位褐铁矿层、腐岩层水分含量一般在30%以上，尤其是雨季，基本处于饱和含水状态。

7. 找矿标志明显

已发现的大型-超大型红土镍矿床绝大多数产于板块缝合带(线)及其附近，板块缝合带(蛇绿岩带)是红土镍矿产出的最重要的大地构造背景，在此基础上大面积广泛分布超基性岩的红土风化壳，是红土镍矿最直接、最重要的找矿标志；高差变化不大或是地形缓坡地带更有利于红土镍矿的形成和保存。

2.3 红土镍矿成因特征

在表生成矿系列中，红土镍矿床是风化、淋积型矿床的典型代表。该类矿床具有成矿特征多样、致矿因素多和成矿过程复杂等诸多特性，深入理解红土镍矿床的成因及特征是全面认识红土镍矿的基础。

2.3.1 成矿背景要素

红土镍矿床是地质作用、气候变异和地壳活动相互作用的产物，由特殊地质背景和特定地表环境共同耦合作用形成，除了具有良好的母岩条件外，气候条件、地形地貌、排水系统、大地构造和岩石构造均是不可或缺的重要成矿要素。此外，地壳抬升速率、物理化学条件等要素对红土镍矿床的形成也会造成影响。这些要素共同影响或控制着红土镍矿的形成、产出及其特征。与其他矿种相比，红土镍矿在成矿条件方面既具有红土镍矿床的一般共性，又具有其特殊性。

1. 地质构造背景要素

由于红土镍矿主要与基性-超基性岩有关，所以，红土镍矿的产出与活动构造单元密切相关，多分布在岛弧、弧后、大陆边缘和陆内超壳断裂上，强烈的断裂和剪切构造作用可以极大地提高基岩的渗透程度，为基岩的风化、剥蚀和分解创造有利条件。

大地构造环境对红土镍矿的区域成矿作用和区域矿化特征的控制比较明显。一般来说，在具稳定区域构造背景、构造活动强度低的地区，矿区地形通常比较平缓，排水条件一般较差，风化淋滤速度较低，形成的含镍红土风化壳往往具有蒙脱石过渡带，形成的红土镍矿往往品位相对较低。而在具活动构造背景但构造运动强度相对偏弱的地区，矿区地形一般为中-低起伏，排水条件较好，风化淋滤速度快，形成的红土镍矿品位相对较高，且相对而言，一般不利于蒙脱石过渡带的形成，但基岩蛇纹石化强度高或季节性干旱气候影响强烈的地区常有例外。尽管受其他成矿条件的制约，活动区域构造背景下也会形成较多中低品位的红土镍矿床，但相对稳定区域构造背景而言，前者更有利于中-高品位红土镍矿的形成。

区域构造运动对红土镍矿成矿作用的影响，主要表现为地壳的垂直运动引起潜水面及侵蚀基准面的升降变化，从而影响和控制岩石风化作用（包括红土化作用)的程度和影响深度(风化作用的影响深度一般取决于侵蚀基准面的深浅，并以当地侵蚀基准面为最终的风化底界)，进而影响红土镍矿成矿作用的深度和强度。在地壳缓慢下降的地区，地形起伏逐渐消失，潜水面不断上升，红土化作用及伴随的成矿作用将随之减弱或消失。反之，在地壳缓慢隆升的地区，地形可以保持一定的起伏，潜水面缓慢下降或保持在相对较低的位置，则有利于红土化作用逐步向深部扩展和红土镍矿的形成。从理论上来说，在地壳缓慢隆升的地区，若地壳的垂直上升速度与风化壳分解速度及潜水面下降速度大致保持一致，则潜水面上的风化壳就会始终保持足够厚的氧化带空间，其中的超基性岩就会充分氧化、分解，并且残余红土带的底部界面会随地下水位的下降逐步向深部扩展，残余红土带的厚度也因此不断增大，这样就可以为中大型乃至超大型红土镍矿的形成奠定物质基础。同时，在上述构造运动背景下，风化壳夷平作用易于形成丘陵或准平原地形地貌，也非常有利于红土风化壳及红土镍矿的形成和保存。

同时，构造发育为镍元素活化—淋滤—沉淀提供了良好的通道和空间场所。断裂系统特别是同风化期断裂活动是硅酸盐型红土镍矿形成的重要条件。超基性岩内的密集节理带和同风化期活动的构造断裂带构成了镍元素活化并垂向迁移的主要通道。基岩内由于节理密度发育不均，极易产生差异风化。在矿区平面上，厚大矿体的走向与区域性断裂带走向基本一致。在矿化垂向剖面上，硅酸镍矿石常沿断裂带形成楔状和囊状矿体。母岩结构疏松、节理裂隙十分发育，有利于风化作用的进行；岩石破碎利于地下水循环。在风化过程中，风化作用首先沿着岩石裂隙开始，在节理比较发育部分，风化作用进行得较快，因而造成风化壳底板凹凸不平。此外，在岩石破碎带内还残存较大的完整岩块，风化作用有的呈现类似球状风化性质，其速度较破碎岩块慢，因而其周围虽已风化为黏土类矿物，但其本身仍保留原岩性质，形成残留岩块，此类情况常出现于风化壳的残余构造层中。

地质构造中的大地构造环境最终促成矿床的形成和保留。超铁镁质岩侵位后受大地构造作用影响，区域地体持续抬升。在长期处于抬升背景的风化剖面中，地貌发展和地形起伏变化不大，地下水位线持平或低于风化面，易造成风化产物的堆积速率高于被剥蚀速率。这种有利的大地构造环境保障了红土化和淋滤富集作用的长期持续进行，并使矿床得以保存至今。因此，地壳持续稳定地抬升是红土镍矿成矿的必要条件。抬升缓慢、风化壳发育不完整，不利于红土镍矿的形成；抬升过快、剥蚀强烈、形成陡峭的地形地貌，也不利于红土镍矿的保存与堆积。

2. 成矿母岩要素

原岩成分是红土镍矿最基本、最重要的成矿条件之一。红土镍矿形成的主要岩性为纯橄榄岩、橄榄岩、二辉橄榄岩、方辉橄榄岩、辉长岩等，它们是红土镍矿形成发育的物源基础。其中最常见、最重要的成矿母岩是超基性岩，橄榄石含量相对较高的橄榄岩(特别是方辉橄榄岩、二辉橄榄岩)、纯橄榄岩及其蚀变岩石(蛇纹岩)尤为常见和重要，而辉石含量相对较高的橄榄辉石岩、辉石岩及其蚀变岩石次之。基性岩也是红土镍矿的成矿母岩之一，但其重要性远远不及超基性岩。通常，基性岩风化只能形成红土镍矿化(基岩主要为基性岩的镍矿点)，或为红土镍矿床的形成提供部分成矿物质(基岩主要为超基性岩的镍矿区)。

纯橄榄岩和橄榄岩中的橄榄石易于破坏和分解，有利于红土镍矿床中镍的富集。镍在超基性岩内以类质同象混入物的形式代替镁进入硅酸盐矿物晶格，橄榄石是主要载体矿物，其次为斜方辉石和角闪石。从辉石岩、辉石橄榄岩到纯橄榄岩，镍的质量分数可由 0.16%增加到 0.24%。在超镁铁质岩浆结晶过程中，按照鲍文反应序列，从早到晚的镍含量按橄榄石(0.4%)→斜方辉石(0.04%~0.09%)→单斜辉石(0.02%~0.05%)的顺序降低。基岩蛇纹石化强度对红土化产物也具有重要影响，中低强度蛇纹石化有利于高品位硅镁镍矿的发育，而未蛇纹石化或过度蛇纹石化均不利于红土化。

红土镍矿的成矿母岩具有很强的岩性专属性，即除超基性岩和基性岩外，其他岩石均不能成为红土镍矿的成矿母岩。究其原因，主要有两个：一是不同种类的矿物和岩石，其含镍量差异很大。由于镍的地球化学性质与铁、镁相似，尤其与镁相似，镍主要以类质同象的形式存在于铁镁硅酸盐矿物中，在橄榄石中尤为富集。据研究，橄榄石、斜方辉石、单斜辉石、角闪石、黑云母、斜长石的镍含量世界平均值分别是 0.4%、0.04%~0.09%、0.02%~0.05%、0.01%、0.015%、0.001%。各种岩浆矿物的镍含量大体按照鲍文反应序列顺序降低。在地壳各种岩石中，除了黏土外，超基性岩和基性岩是含镍量最高的岩石，两种岩石的镍含量世界平均值分别为 2000×10^{-6} 和 160×10^{-6}，远远高于中、酸性岩浆岩及其他沉积岩。就超基性岩而言，其镍世界平均值大约是红土镍矿床最低工业品位的 0.2 倍，地壳丰度值的 22.5 倍，中性岩和酸性岩的 36~500 倍，沉积岩的 8.9~1000 倍，易通过化学风化作用富集形成有工业价值的红土镍矿体。二是超基性岩和基性岩均主要由在温暖潮湿的气候环境下易发生化学风化的矿物组成，如超基性岩主要由橄榄石、辉石及蛇纹石组成，基性岩主要由辉石、基性斜长石及蛇纹石组成。根据前人研究成果，岩浆矿物的稳定性顺序一般与它们在鲍文反应序列中的顺序相反，由石英→云母→钾长石→(蛇纹石)→黑云母→因石→单斜辉石→斜方辉石→橄榄石，或由酸性岩→中性岩→基性石→超基性岩，矿物或岩石的抗风化能力逐渐减弱。

世界上超基性岩主要有2种产出部位，一是产于古老大陆(地盾)中，超基性岩沿着断裂剪切带侵入，如加拿大、巴西、澳大利亚及非洲和亚洲一些国家。这些地区的超基性岩中有2种矿石类型：加拿大等为硫化镍矿，澳大利亚等为红土镍矿。二是产于蛇绿岩带中，因板块相互碰撞形成岛弧，在板块接触处或大陆边缘有超基性岩侵入。这些超基性岩经风化作用使镍富集形成红土镍矿，在加勒比海地区的古巴、多米尼加、危地马拉及东南亚地区的印度尼西亚、菲律宾的超基性岩都属于此类。因此，这类岩石的发育成为寻找红土镍矿的首要条件。

3. 气候条件要素

气候也是红土镍矿最基本、最重要的成矿条件之一，温度和降雨量则是影响红土镍矿成矿作用的主要气候要素。气候对红土化作用的表生营力，促成镍元素从母体矿物中活化释放，强降雨可以有效地提高通过岩(体)层的水流量，有利于可溶性组分的大量带出。不同气候条件下生成的风化壳有明显差异，尤其表现在矿物组成上。如热带地区的风化壳，特别是风化壳的上部，通常主要由高岭石、铁的氧化物和氢氧化物组成，有时甚至石英颗粒也强烈溶蚀达到完全溶解；而在极地和温带地区，风化壳通常由水云母、蒙脱石及弱分解的长石、云母、辉石、角闪石和石英组成。以铁和铝的氧化物及部分二氧化硅为主要矿物成分、红色疏松的铁质或铝质土壤，是岩石风化作用达到最高阶段——铝铁土阶段的产物。一般来说，化学风化在高温多雨的热带进行得非常强烈；在中等雨量和温度有季节性变化的温带，化学风化作用强度减弱；在干旱地区和北极，物理风化作用占主导地位，化学风化作用较弱或极不发育。红土化作用以化学风化作用为主，而化学风化作用以水和生物为介质，通过水合作用和生物化学作用使水酸化而使化学反应、物质交换的过程得以实现，因此对水和生物丰富程度起决定作用的气候条件对红土风化壳和红土镍矿的形成非常重要。

此外，从热带到亚热带再到半干旱–干旱的气候条件变化也有利于红土型剖面的形成与保存。红土镍矿的成矿地区一般属于热带雨林气候，气候炎热，年平均气温25~30 ℃。气候环境高温、多雨、潮湿，特别是滨海地区降雨中富含盐分，促使超基性岩快速风化，形成红土型风化壳。已知的红土镍矿床多产于温湿多雨的热带及亚热带气候条件下。该气候有利于蛇纹石化橄榄岩等超基性岩产生强烈的化学风化作用，使镍从含镍的硅酸盐矿物（橄榄石、辉石等）中淋滤出来，随地表水往下渗透到风化壳下部，形成富含镍的次生矿物，如含镍蛇纹石和含镍绿高岭石等。

在红土镍矿床分布区，一般旱、湿季明显，地下水位在旱季下降，湿季上升，地下水循环作用促使岩石分解。值得注意的是，印度尼西亚苏拉威西地区热带雨林气候存在丰雨期和少雨期，干、湿气候交替。有学者认为少雨期有利于红土剖面淋滤流体中溶解组分达到过饱和，该地区降雨量的交替变化是导致矿化剖面中出现骨架状硅质网脉的原因。

从理论上说，气候对化学风化作用及红土化作用的具体影响主要有三个方面：一是温度的高低对物质的溶解度、化学反应速度（包括有机物质的分解速度）等都有较大影响，从而影响岩石中矿物的化学风化速度。一般来说，在炎热潮湿的气候条件下，岩石化学风化作用比寒冷气候条件下剧烈得多。据研究，利于红土化作用发生的年积温值一般为7000~10000 ℃，而年积温值低于4000 ℃的地区，红土化强度为零。世界上已知红土风化壳和红土镍矿床大多分布于纬度在30°以下的地区，年平均气温一般在25 ℃左右，年积温值大于7000 ℃。二是红土化作用的强度与降雨量的多寡及降雨量的集中程度有关。一方面，各种化学风化作用都是在水的参与下完成的，运动的水及矿物质的迁移易破坏化学平衡，促进化学反应不断进行。充沛的降雨量可以有效地提高通过岩层的水流量，有利于可溶性组分的大量带出和化学风化速度的提高，有利于红土化作用的进行。反之，在干旱地区，物理风化作用十分强烈，化学风化作用相对较弱，不利于红土化作用的进行。另一方面，雨季、旱季相互交替对红土化作用也较为有利。从理论上说，雨季富含O_2、CO_2的充沛大气降水可使氧化作用产生的物质充分溶解、淋滤和迁移，提高化学风化速度；旱季地下水位下降，风化壳孔隙中充满O_2、CO_2，有利于红土化作用向深部发展。三是气候直接影响着地表生物种群的类型和数量，从而影响生物风化作用的强度和速度。生物活动对红土化作用的影响，主要是通过改变水介质中的O_2、CO_2含量及酸碱平衡产生的。生物活动必然伴随着O_2、

CO_2 的吸收、放出而进行，生物死亡后分解成腐殖酸、褐酸等有机酸，这一过程一般使水变为弱酸性，并因含氧量增加而具较强氧化能力。这一过程通常还有微生物、细菌、酶、酵母菌参与，可以大大加快氧化还原反应的速度。特别是自然界中的铁细菌、硫细菌和还原硫酸盐细菌，具有氧化或还原岩石中某些元素的能力，如铁杆菌能将 Fe^{2+} 氧化成 Fe^{3+}，硫细菌能把硫化物氧化成硫酸盐，还原硫酸盐细菌能将硫酸盐还原为 H_2S，这些微生物的存在无疑也有助于化学风化作用的进行。

4. 地形地貌要素

在红土镍矿床形成过程中，地形及地貌条件起着主导作用，地形地貌不仅可以通过影响气候、水文地质及植被，间接影响岩石风化作用的类型、速度、强度及岩石风化程度，更重要的是，它在风化产物的保存与转移方面起着重要的决定性作用，从而直接影响或在较大程度上影响着岩石风化作用的类型、速度、强度及岩石风化程度，以及红土镍矿的形成和保存。

地壳上升使超基性岩长期暴露，遭受风化剥蚀，易使红土壳增厚。

在地形陡坡处，溶液流动快，镍被淋蚀，一般在地形起伏大的中-高山地区，缺少渗透水，物理剥蚀速度远大于化学风化速度，岩石风化不彻底，不利于红土风化壳及红土镍矿的形成和保存。地形平缓处，溶液流动慢，有利于镍的富集，即在低洼平坦的地区，汇水不易流失，因而风化作用容易进行；反之，在地形高差大、坡度陡地区，冲刷作用大于风化作用，不利于风化壳的保存，但可提高镍的溶解度，有利于镍的次生富集。

在地貌上，低山平台、山脊、丘陵及高原等地貌利于矿体堆积；反之，高山和沟谷地貌由于强烈剥蚀不利于矿体堆积。在地形十分平坦的平原地区，潜水面高、地下水运动缓慢、风化壳淋滤不畅使淋滤柱厚度有限，通常也不利于红土风化壳及红土镍矿的形成。在中-低地形起伏的低山和丘陵地带，地下水位一般较低，地下水排泄较为流畅，相对中-高山和平原地区，是比较合适的地貌环境，有利于红土风化壳和红土镍矿床的形成。尤其在低山和丘陵的平缓山脊、缓坡（地形坡度一般小于 20°）、山嘴、阶地等部位，不仅地下水排泄流畅，而且地表水流对风化壳的冲刷、侵蚀作用较弱，既有利于红土风化壳的形成，也有利于红土风化壳的保存，是红土镍矿体（特别是富厚矿体）有利的形成和赋存场所。不过，在低山和丘陵地区的低洼部位，由于常有各种成分的风化碎屑物充填堆积，且地下水排泄不畅，潜水面高，通常只能形成红土镍矿化，而不能形成工业矿体。

一般情况下，侵蚀切割作用控制着风化壳的保存及其规模、形状和厚度。遭受强烈侵蚀的地区，不但没有风化壳保存，原来大面积的风化壳也会支离破碎、形状复杂，并成为风化壳的天然分界。风化壳得以保存的地区，则多属于分水岭附近地带的平坦地形、单面山山前缓坡平台、平坦长梁、平坦低丘和缓坡等遭受侵蚀比较轻微的地区。红土镍矿体产于超基性岩上部的红土风化壳中，矿体呈似层状面形展布，矿体分布范围与红土风化壳的分布基本一致，受地形控制明显。

此外，不同级别的地貌对红土风化壳及红土镍矿形成的影响程度也不同。地貌单元一般按成因类型及规模可划分为 4 级，即巨型地貌（Ⅰ级）、大型地貌（Ⅱ级）、中型地貌（Ⅲ级）及小型地貌（Ⅳ级）。Ⅰ级地貌是地球上的大陆和洋盆，与中生代以来的全球板块运动有关，对中生代以后极地冰盖的形成及第四纪气候有重要影响。Ⅱ级地貌主要指分布于大陆和洋盆中的山地、平原等主要大型地貌，属于内动力地质作用的结果。Ⅲ级地貌是Ⅱ级地貌的一部分，主要由外动力地质作用形成，包括山岭、河谷、丘陵、盆地等。Ⅳ级地貌主要是由各种外动力作用形成的、多种多样的小型剥蚀地貌和堆积地貌，如河流阶地、风化残丘、岩溶凹地、岩溶峰丛等。一般来说，Ⅰ、Ⅱ级地貌与红土风化壳的发育和红土镍矿床的形成间接相关，Ⅲ、Ⅳ级地貌则为直接相关，其中Ⅳ级地貌的影响比Ⅲ级地貌更为直接和明显，前者属背景基础，后者属直接控制因素。

5. 水文地质要素

水文地质与地形地貌、气候及地质构造紧密相关，且在很大程度上影响着红土风化壳及红土镍矿的形成与保存，也是红土镍矿的重要成矿条件。水文地质对红土化作用及红土镍矿成矿作用的影响主要表现在 3 个方面。

一是地表径流的影响。地表流水不仅是地表风化物质迁移、搬运的主要载体，也是改造地形地貌的最活跃、最重要的外动力地质作用因素。通常，在雨量充沛但地形陡峻的中–高山区，易形成洪流、泥石流等形式的地表流水，并对地表风化壳造成强烈的冲刷和破坏，不利于红土风化壳及红土镍矿的形成和保存；反之，在地形起伏中等–平缓的低山、丘陵及高原地区，地表流水对风化壳的冲刷和破坏作用相对较弱，有利于风化壳的形成和保留。

二是地下水补给与排泄的影响。地下水补给与排泄条件是水文地质条件的核心和关键，也是红土镍矿找矿靶区优选及潜力评价的重要考量因素。一般来说，地下水补给与排泄条件越好，淋滤作用和红土化作用越强，红土镍矿品位越高，矿体厚度越大。具体地说，在热带温暖潮湿的气候带尤其在地形起伏中等–低的地貌区，地下水补给条件相对较好，充沛的降雨量有利于可落性组分的大量带出和化学风化速度的提高，从而有利于红土化作用的进行及红土镍矿的形成；而在干旱、半干旱气候带，降雨量小，地下水补给困难，淋滤和富集作用都不发育，不利于红土风化壳及红土镍矿的形成。值得一提的是，与地形地貌及地质构造紧密相关的排水条件，不仅影响红土风化壳及红土镍矿的形成，而且影响红土风化壳的剖面结构及红土镍矿床的类型和品位。通常，在中–低地势起伏的低山和丘陵地区(如在印度尼西亚、新喀里多尼亚、哥伦比亚、缅甸的红土镍矿分布区)，地下径流通畅，潜水面在剖面中的位置低，不仅有利于红土风化壳及红土镍矿的形成，而且所形成的红土风化壳不含绿脱石过渡带，所形成的红土镍矿床多为镍品位相对较高的矿床。而在地形起伏小的地区，水力坡度小、地下水流动缓慢、排泄受阻、潜水面高、淋滤相对缓慢(在克拉通背景地区，这种情形是常见的；在增生地体之上，局部也会出现这种情形)，红土风化壳及红土镍矿的形成相对较慢，所形成的红土风化壳部分含绿脱石过渡带(尤其在热带半干旱地区)，所形成的红土镍矿多为镍品位相对较低的矿床。

三是地下水位高低及其变化的影响。根据地下水活动及水化学特征等，地下水含水层自上而下可划分为 3 个带，即渗透带、流动带和停滞带，分别对应于风化壳的氧化带、胶结带和原生带，并大体对应于超基性岩风化壳剖面的残余红土带、过渡带+腐岩带、基岩带。潜水面之上、之下的地下水在活动特征、水化学特征方面明显不同，导致潜水面之上、之下的岩石风化特征及红土镍矿矿化特征也明显不同，所以潜水面既是地下水的重要界面，也是红土风化壳及红土镍矿化的重要界面。一般来说，潜水面之上的岩石风化以氧化分解的化学作用为主，有可能达到红土化阶段；镍的富集以残余富集为主。而潜水面之下的岩石氧化分解强度明显弱于渗透带，且其强度随风化壳埋藏深度的增加而减弱，所以潜水面之下的岩石虽然可以风化成土，但不可能达到红土化阶段；镍的富集以绝对富集为主，镍来自渗透带淋滤出来的镍的再沉淀富积。

6. 物理化学条件要素

出露地表的超基性岩白天温度高、夜晚温度低，昼夜温差较大，而不同矿物具有不同的膨胀系数，因此热胀冷缩现象可以使岩石发生物理破碎；地表植物发育，生物活跃，植物根系延伸至岩石裂隙内可加快岩石的破碎速度，生物活动也会对岩石造成物理破坏作用；成矿前的构造运动，使岩体发生破碎，在局部会产生较多的裂隙，不仅直接对岩石造成了破坏作用，也为地下水的渗透与元素的迁移提供了良好的通道，间接提高了化学风化作用效率，成矿后区内并未发现明显的构造运动，各种风化条件得以持续、稳定地进行，为矿床的保存提供了必要条件。

超基性岩经过强烈的、长期的风化作用和淋滤作用，造成镍的富集。镍首先从原生矿物晶格中析出，然后与其他元素重新分配，随着深度的增加及 pH 和 E_h（氧化-还原电位）的改变而形成新的矿物。在地表附近，由于有充足的氧供给，水溶液中的 pH 很小而 E_h 很大，Fe、Mn、Co 等易氧化元素，在这种强酸性水溶液的介质中，首先进行沉淀，形成棕红色黏土，向下随着深度的增加，pH 逐渐增大，E_h 逐渐减小，依次形成了赭石化蛇纹岩残余构造层、绿高岭石化蛇纹岩残余构造层、绿高岭石化蛇纹岩带、崩解或硅化蛇纹岩、碳酸盐化蛇纹岩，再下为新鲜超基性岩。在此过程中，当 pH 与 E_h 达到一定的条件时，镍从溶液中沉淀出来，产生镍的含水硅酸盐，如暗镍蛇纹石、镍绿泥石、绿高岭石等。另外，镍亦呈附着状态附着于其他矿物如蛇纹石及黏土类矿物等上。

总之，红土镍矿床的形成和保存，并非只需某一条件，而是多因素综合作用的结果。红土镍矿床是由超基性岩经过强烈化学风化作用，超基性岩中硅、镍、钙等元素强烈淋滤，镍、钴、铬、铁、铝等富集而形成的。

2.3.2　矿化强度要素

红土镍矿的成矿母岩成分、气候条件、地形地貌、水文地质、地质构造及成矿时间等成矿条件，均与矿化强度有一定的联系。目前对矿化强度的普遍认识比较一致，一是热带、亚热带温暖潮湿气候有利于红土镍矿的形成；二是中-低地形起伏的低山和丘陵，以及具深切割的高原有利于红土风化壳和红土镍矿床的形成，而低山、丘陵及深切割的高原的平缓山脊、缓坡、山嘴、阶地等部位则是富厚矿体的有利赋存场所，中-高山和平原由于地形起伏过大或过缓，则不利于红土镍矿床，尤其是中-高品位红土镍矿床的形成；三是地下水补给与排泄条件越好，通常红土化作用越强，红土镍矿品位越高，矿体厚度越大；四是红土镍矿床的形成必须有足够的时间，最短也需数十万年至数百万年以上的时间，换句话说，如果时间过短，只能形成红土镍矿化，即成矿母岩、地质构造、风化壳成熟度与镍矿化强度之间存在一定关系。

1. 镍矿化强度与成矿母岩的关系

成矿母岩的成分(包括镍背景含量、岩石地球化学成分、矿物成分)和岩石类型与镍矿化强度紧密相关，其蛇纹石化程度与镍矿化强度也有一定的联系。

镍背景含量高(0.25%~0.40%)的母岩有利于中-高品位镍矿的形成，镍背景含量相对较低(0.1%~0.25%)的母岩一般只能形成中-低品位红土镍矿或红土镍矿化。通常，MgO 和橄榄石含量高的方辉橄榄岩、二辉橄榄岩、纯橄榄岩及其蚀变岩石，有利于中-高品位红土镍矿的形成；MgO 和橄榄石含量相对较低或低的橄榄辉石岩或辉石岩及其他基性岩一般只能形成低品位的红土镍矿或红土镍矿化或为红土镍矿的形成提供部分成矿物质。事实上，世界上已知的重要红土镍矿床的成矿母岩主要为镁质超镁铁岩，如缅甸达贡山镍矿超基性岩的 m/f 值为 8.53。因此，在实践中往往把岩石中橄榄石含量的多少作为红土镍矿的重要找矿标志之一。关于红土镍矿化强度与成矿母岩的蛇纹石化程度的关系，一般认为镍品位倾向随着成矿母岩蚀变增强而降低。如云南元江镍矿的成矿母岩主要是蛇纹岩，矿床镍平均品位仅 0.91%。不过，也有学者认为，中等程度的蛇纹石化对镍矿化最有利。

2. 镍矿化强度与地质构造的关系

镍矿化强度与地质构造的关系主要表现在四个方面。

(1)区域构造背景影响红土镍矿化强度。在稳定区域构造背景下，矿区地形通常比较平缓，排水条件一般较差，易形成低品位红土镍矿。反之，在增生地体这样的活动区域构造背景下，矿区地形起伏一般为中-低，排水条件较好，相对有利于中-高品位红土镍矿的形成。

(2)矿区断裂构造(特别是在超基性岩侵位后活动的矿区构造)可以极大提高断裂带岩石的孔隙度和渗透性，有利于沿断裂构造带形成品位较高的裂隙型红土镍矿体。如在新喀里多尼亚，早年开采的富矿石均受断裂构造控制。

(3)断层性质、产状与规模影响红土镍矿化的强度。一般来说，逆冲断层易于形成蛇纹石化和碳酸盐化超基性岩糜棱岩带，透水性差，在风化层中不易形成镍的富集。而局部剪切带和二级构造对红土镍矿的形成很重要，最深的富集带和最高的品位通常与陡的断层和剪切带有关。

(4)特殊阻隔水构造可以导致镍的局部富集。如在澳大利亚西部的MurinMurin矿区，不透水的风化粒玄岩岩墙的局部限堵，造成了局部的高品位镍的形成。

3. 镍矿化强度与风化壳成熟度的关系

通常，超基性岩风化壳的成熟度越高，越有利于高品位红土镍矿床的形成。例如，新喀里多尼亚是全球最著名的高品位红土镍矿床产地之一，其高品位红土镍矿床的特点之一是，地表常有厚大(可达40 m)的褐铁矿带分布，其Fe_2O_3含量可达74%；相反，澳大利亚西部的大多数红土镍矿品位比较低，镍平均品位一般在0.9%左右，其地表褐铁矿带的成熟度也明显低一些，如Bulong和MurrinMurrin矿床的褐铁矿带还含较多高龄石，最高为60%。不过，在红土镍矿的形成过程中或形成之后，部分高品位红土镍矿床(如镍平均品位为2.0%的缅甸达贡山镍矿床)地表成熟度高的红土风化壳遭受较强烈的剥蚀，导致地表现有残余红土层成熟度不太高。

2.3.3　成矿特征要素

迄今为止，全球目前有约120个可开发利用的红土镍矿床被发现和公开报道。尽管这些矿床的规模大小不等，品位高低不一，但它们的产出背景与特定的地理环境和地质条件密不可分。

1. 地理分布要素

红土镍矿床的产地被限定在特殊的地理气候带中，具有明显的不均一性。

据Berger等统计，全球绝大多数具有经济价值的红土镍矿床集中分布在北纬23.6°与南纬23.0°之间的热带地区，主要产地包括美洲地区(古巴、多米尼加、哥伦比亚和巴西)、东南亚地区(印度尼西亚和菲律宾)、大洋洲地区(澳大利亚、新喀里多尼亚和巴布亚新几内亚)及非洲(喀麦隆和科特迪瓦)等国家和地区。但是，在远离热带的高纬度地区也产出一些红土镍矿床，包括澳大利亚东南部地区、美国的Oregon和California地区、希腊和土耳其，甚至远至俄罗斯的Ural地区。这些矿床并非现代成因，应该代表了地质历史时期的古红土镍矿床。Thorne等研究发现，红土镍矿床发育的最佳“气候窗口”条件是年平均降雨量高于1000 mm、暖季月平均气温为22~31 ℃，以及冷季月平均气温为15~27 ℃。

2. 地质背景要素

镍在红土风化壳剖面中的富集位置会随着地层年代的变化而总体呈现向下迁移的态势。

世界红土镍矿的成矿母岩年龄变化很大，为太古宙至新近纪，但成矿年龄相对集中于中生代和新生代，其中大多数红土镍矿(包括所有重要的红土镍矿)是新近纪和第四纪形成的，部分是中生代形成的。不同大地构造背景下形成具经济价值的红土镍矿床所需要的最少时间明显不同。在不稳定地区，形成具经济价值的镍矿床所需要的最少时间是很短的，可能一般需 2~3 Ma；而在稳定地区可能需要几千万年。

如在近代造山带，最年轻的夷平面年龄不超过 1 Ma，但这些夷平面上已经形成了高品位的镍矿床；而在澳大利亚和巴西的克拉通地区，大多数红土镍矿的形成时间达数千万年。正因为如此，在世界范围内，中生代形成的红土镍矿仅部分见于褶皱造山带中，如巴尔干地区的红土镍矿，多数见于前寒武纪地盾，如澳大利亚西部、巴西部分地区、非洲西部、乌克兰等地的红土镍矿。一般来说，在较年轻的地层中，镍相对富集于剖面上部，镍的最大富集位置往往位于腐岩带上部(即土状腐岩中)，有时大部分甚至整个氧化带(褐铁矿带)都有工业矿化；而在较老的地层中，镍的最大富集位置往往位于腐岩带中下部或底部(即土块状或块状腐岩中)，氧化带的上部一般没有工业矿化。

3. 基岩背景要素

基岩的蛇纹石化强度对红土化产物也具有重要影响，中低强度蛇纹石化有利于高品位硅镁镍矿的发育，而未蛇纹石化或过度蛇纹石化均不利于矿床发育。

Brand 等统计发现全球约 15%的红土镍矿床分布于克拉通地台中，而其余的 85%分布于增生地体中。其中，产在克拉通地台中的红土镍矿床主要分布于少数几个前寒武纪的古老地盾中，与绿岩带有关，矿床赋存于绿岩带中的科马提岩或层状基性-超基性杂岩体之上的红土风化壳中，如巴西和澳大利亚的红土镍矿床属于此类；产在增生地体中的红土镍矿床主要分布在中生代到新近纪的板块边界俯冲岛弧带和碰撞造山带中，与构造侵位的蛇绿岩套相关，矿床赋存于蛇绿岩套中超基性岩相之上的红土风化壳中，如新喀里多尼亚、古巴、印度尼西亚和菲律宾的红土镍矿床均属于此类。此外，在增生地体构造环境中，一些受强烈剪切改造的小规模阿尔卑斯型超基性岩侵入体之上也有红土镍矿床分布，如危地马拉、哥伦比亚、印度以及缅甸的矿床可能属于此类。

4. 地形地貌要素

世界上大多数红土镍矿床(如印度尼西亚、菲律宾的红土镍矿床)产于低山和丘陵地带；其次产于高原(如新喀里多尼亚和澳大利亚西部的大多数红土镍矿床)和地表向海岸缓倾的宽广海蚀平原(如古巴东部的大多数红土镍矿床)；少数产于中山地貌区(如云南元江镍矿床的矿体产出标高为1720~2100 m)。

综合来看，全球目前可开发利用的大型红土镍矿床主要集中在具有热带雨林气候背景的蛇绿岩带，新喀里多尼亚岛是全球最大的红土镍矿床产地，它位于南纬21°，全岛约20%的面积出露蛇绿岩，在风化作用下发育了Goro、Koniambo和SLNoperations等一批超$300×10^4$ t镍金属量的世界级矿床。此外，由于蛇绿岩带的发育规模大，常常延伸数千公里，因此在热带地区沿着蛇绿岩带发现一系列呈串珠状的大型红土镍矿带。例如，在西太平洋岛弧蛇绿岩带中，产出的红土镍矿带可从新喀里多尼亚起始沿北西向延伸，经所罗门群岛、巴布亚新几内亚到达印度尼西亚苏拉维西岛、哈马拉黑、奥比和瓦伊格奥群岛以及伊利安查亚的鸟头半岛的塔纳梅拉地区，然后折向北东向延伸，最终到达菲律宾的诺诺克岛和巴拉望岛地区。由于印尼红土镍矿带毗邻我国，基础条件好和运输便利，近年来已成为中国企业“走出去”开发海外红土镍矿的热点地区。

2.4　不同红土镍矿床成矿机制

2.4.1　成矿条件

1. 铁氧化物型(氧化型)矿床成矿条件

铁氧化物型矿床对成矿条件的要求相对宽泛，只要满足发生超基性岩红土化作用的大致条件就可能出现该种矿化类型。在南、北纬23.5°之间的热带地域、热带雨林、季风、草原或干旱等多种环境下均有铁氧化物型矿床产出。古巴MoaBay和新喀里多尼亚Goro矿床都发育于热带稀树草原气候环境。在上述气候环境下，强烈的化学风化作用和活跃的生物作用推动超基性岩快速红土化。此外，部分铁氧化物型矿床还出现在中、高纬度气候带，如南欧的地中海气候带和西澳的亚热带季风性湿润气候带。

铁氧化物型矿床的基岩涵盖多种超基性岩类。新喀里多尼亚 Goro 矿床的基岩为部分蛇纹石化橄榄岩、斜方辉橄榄岩、纯橄榄岩和蛇纹岩；土耳其 Caldag 矿床的基岩主要为橄榄岩和蛇纹岩；古巴 MoaBay 矿床的基岩主要为蛇纹石化橄榄岩和方辉橄榄岩。比较特殊的是澳大利亚 Cawse 矿床，该矿床的基岩中除纯橄榄岩外，还出现了科马提岩。尽管可发育铁氧化物型矿床的基岩种类多样，但与之具有密切对应关系的只有纯橄榄岩，其他岩类(二辉橄榄岩、斜方辉橄榄岩、单斜橄榄岩及蛇纹岩等)则存在不确定性，后者因其他表生条件的变化而发育截然不同的风化壳剖面。

活跃或稳定的大地构造背景均可以产生铁氧化物型矿床。前者如新喀里多尼亚 Goro 矿床发育在活跃的板块边缘构造背景，与板块俯冲侵位形成的岛弧形蛇绿岩套相关；后者如西澳 Cawse 矿床，产在稳定的克拉通内部，与古老层状超基性杂岩体有关。

大地构造环境决定着地形地貌和区域构造，后者又制约着排水系统，这几种因素对红土镍矿床的影响是组合配套的。在岛弧蛇绿岩带，构造抬升作用显著，易形成高地地貌，它对铁氧化物红土层的发育和保存起“双面”作用。一方面，利于保持较低地下水位，使风化壳剖面中氧化环境扩大，加快原岩矿物氧化分解形成厚层红土。另一方面，地形抬升会加剧地表的剥蚀作用，红土层常常被剥蚀减薄。因此，厚层的红土剖面多出现在平台地貌而非陡倾山坡。在克拉通内部，稳定的构造环境使地形地貌夷平，地下水位浅，侧向流动弱，红土化作用缓慢而长久，铁氧化物等终极产物构成红土剖面的主导矿物。由于常被硅化作用固结保护，铁氧化物型矿床剖面遭受较轻的物理剥蚀而易被保存下来。矿区尺度的断裂构造常促进铁氧化物型矿床的发育，在西澳 Cawse 矿床中，高品位的矿石层主要由高角度的剪切断裂带控制，在矿化剖面上表现出标志性的“楔形”矿体形态。

2. 水镁硅酸盐型矿床成矿条件

相比而言，水镁硅酸盐型矿床和黏土型矿床发育所需的成矿条件较苛刻。现已发现的水镁硅酸盐型矿床主要发育在赤道附近，集中于热带雨林和热带稀树草原这两种强湿热气候环境。在印尼 Sorowako、巴西 Vermelho 和哥伦比亚 Cerro

Matoso矿床所在地，年均降雨量大于1800 mm，干燥季节不超过两个月。可以认为，高温促使超基性岩造岩矿物快速分解，充分的降雨量保证了下渗流体能从母岩中淋滤出足够的镍并次生富集。在高纬度的哈萨克斯坦乌拉尔山和俄罗斯中部地区也发现了类似的水镁硅酸盐型红土镍矿床，很显然它的发育时代并非现代，而是古风化矿床的残留。

水镁硅酸盐型矿床更倾向于出现在活跃构造背景而非稳定克拉通。强烈的构造抬升作用导致地下水位线长期偏低，利于雨水对超基性母岩进行充分淋滤而形成次生富集带。最典型的代表是西太平洋岛弧蛇绿岩带，不论在高海拔的切割高原地貌区（如新喀里多尼亚），还是中低地形的低山丘陵地貌区（如印度尼西亚），都有大量该类型矿床产出。在切割高原地貌区，水镁硅酸盐型矿床主要产出于多级阶地的平台地貌及周边的切割斜坡带。在低山丘陵地貌区，矿床在邻近海边、地势起伏小的平缓山地易于发育。在印尼苏拉威西岛Kolonodale矿区，由于靠近海岸地区，降雨充沛且富含盐分，母岩的化学分解速率增强，加之区域地壳活跃和持续抬升，使蛇绿岩套长期暴露，非常有利于水镁硅酸盐型富镍红土风化壳的发育。不得不提的是，尽管强烈的构造抬升作用有利于化学风化的前锋线向深部发展，但其同时也会加快物理风化作用对风化壳的剥蚀，这也是我国云南地区大量的蛇绿岩露头能被快速红土化，但厚大的红土风化壳难以被保留的不利因素之一。

在矿区尺度上，排水系统良好的台地边缘、缓坡、阶地、丘陵等微地貌利于水镁硅酸盐型矿床的发育，而排水条件不好的高山台地内部或山脚洼地则可能出现铁氧化物型矿化剖面。水镁硅酸盐型和铁氧化物型矿化剖面在同一矿区伴生出现，这在东南亚及新喀里多尼亚的红土镍矿区中并不鲜见。此外，断裂构造系统对水镁硅酸盐型矿床的空间分布与品位高低也有重要影响。在印尼Sorowako矿床中，发育在蛇绿岩混杂带内的逆冲断裂带被认为是一个不利于红土镍矿床发育的消极因素，因为沿该构造带常形成一个不透水层。与之相反的是，基岩中的密集节理系与脆性断裂构造有利于高品位硅镁镍矿的发育。

水镁硅酸盐型矿床对母岩条件也有一定的选择性。统计研究发现，形成水镁硅酸盐型矿床的基岩主要是富镁贫铝的橄榄岩类，且普遍遭受中等以下的蛇纹石化蚀变。多米尼加的Falcondo矿床的基岩主要是蛇纹石化的橄榄岩、二辉橄榄岩和方辉橄榄岩，哥伦比亚的Cerro Matoso矿床也是蛇纹石化橄榄岩。相比之下，未蛇纹石化或重度蛇纹石化蚀变的超基性岩均不利于水镁硅酸盐型矿床的发育。

究其原因，未蛇纹石化超基性岩在风化过程中多倾向于发育氧化物型剖面，而重度蚀变的蛇纹岩中 Ni 的本底值通常偏低，不利于雨水从母岩矿物中淋滤出足够多的 Ni 离子。

3. 黏土型矿床成矿条件

黏土型矿床的发育数量最少，侧面反映出它的成矿条件非常苛刻。对现有典型黏土型矿床进行总结发现，其在成矿条件上体现出若干特殊性。在气候背景上，黏土型矿床常处在一种相对“干热”的气候带(如西澳 MurrinMurrin 矿床和 Bulong 矿床)。但这种“干热”气候带对该矿床的发育是起原生作用还是起改造作用尚不明确。在成矿背景上，黏土型矿床只分布于古老克拉通板块内部，如西澳 Yilgarn 克拉通和中西非 Congo 克拉通。克拉通内部长期的准平原化作用使得地形起伏小，风化剖面厚大而稳定，地下水的排水系统普遍不通畅。在这种相对滞水且干热的气候条件下，橄榄石的风化产物易趋向形成蒙脱石等黏土类矿物，同时伴随强烈的硅化现象。此外，黏土型矿床的母岩条件相对单一，只与蛇纹石化橄榄岩(土)相关，这一特点在 MurrinMurrin、Bulong 和 Nkamouna 三个黏土型矿床中均有体现。

综上所述，不同矿化类型矿床均受特定成矿条件的制约，但必须具备以下 5 个条件：

一是超基性岩是红土镍矿的主要成矿母岩。超基性岩是红土镍矿形成和发育的物源基础。超基性岩是地壳中含镍量最高的岩石，镍在超基性岩内以类质同象混入物的形式代替镁而进入硅酸盐矿物晶格，橄榄石是主要载体矿物，其次为辉石和角闪石，而橄榄石、辉石、角闪石均是在温暖潮湿的气候环境下非常容易发生化学风化的矿物。因此，发育的超基性岩是寻找红土镍矿的首要条件。

二是热带-亚热带湿热气候为成矿提供风化营力。气候因素是红土化作用的表生营力，它促使镍元素从母体矿物中活化释放。已知的红土镍矿床多产于温湿多雨的热带及亚热带气候条件下。该气候有利于超基性岩产生强烈的化学风化作用，使镍从含镍的硅酸盐矿物(橄榄石、辉石等)中淋滤出来，随地表水往下渗透，形成富含镍的次生矿物，如含镍蛇纹石、含镍绿高岭石等。一般来说，气温越高、降雨量越大、湿度越大，越有利于岩石的风化淋滤和红土风化壳的形成。正因为如此，世界上红土镍矿床多集中分布在环太平洋的亚热带-热带多雨地区，如东南亚的印度尼西亚、菲律宾和缅甸，美洲的古巴和巴西，大洋洲的澳大利亚、新喀里多尼亚及巴布亚新几内亚。

三是良好的构造组合为镍元素活化—淋滤—沉积提供通道，断裂系统特别是同风化期断裂活动是红土镍矿形成的重要条件。一般来说，红土镍矿区构造发育主要体现为超基性岩内的密集节理带和同风化期活动的构造断裂带。它们构成了镍元素活化并垂向迁移的主要通道。基岩内由于节理密度发育不均，极易产生差异风化。母岩结构疏松、节理裂隙十分发育，有利于风化作用的进行；岩石破碎有利于地下水循环。在风化过程中，风化作用首先沿着岩石裂隙开始，同时在节理比较发育的部分，风化作用进行得较快，造成风化壳底板凹凸不平。此外，在岩石破碎带内还残存有较大的完整岩块，风化作用的产物有的类似球状风化性质，其风化速度较破碎岩块慢，因而这种完整岩块周围虽已风化为黏土质物质，其本身仍保留原岩性质，形成残留岩块，此类情况常出现于风化壳的残余构造层中。

四是有利的地形地貌条件为成矿提供空间场所。在红土镍矿床形成过程中，地形地貌条件起着主导作用，影响镍矿体堆积空间。一方面，在地形陡坡处，溶液流动快，镍易被淋蚀；而在地形平缓处，溶液流动慢，有利于镍的沉淀富集。另一方面，在地形高差大、坡度陡的地区，冲刷作用大于风化作用，不利于风化壳的保存；而在地形较平缓的山梁、缓坡及阶地等地区，侵蚀作用较小，有利于矿体堆积。研究表明，侵蚀切割作用控制着风化壳的保存及风化壳的面积、形状和厚度。遭受剧烈侵蚀的地区，即使风化壳没有被完全剥蚀，原有的风化壳也会变得支离破碎，形状复杂。

五是有利的大地构造环境为成矿提供条件，理想的大地构造环境有利于红土化作用和镍的次生富集作用的长期持续进行，并使矿床得以保存。研究表明，长期处于缓慢抬升背景下的地貌发展和地形起伏变化不大，地下水位线持平或低于风化锋面，易造成风化产物的堆积速率高于被剥蚀速率，有利于红土镍矿的形成和保存。

总之，红土镍矿床的形成和保存是多因素综合作用、互相结合的结果，是超基性岩在热带-亚热带气候条件下和缓慢隆升等有利大地构造环境下，通过长期或较长时间的红土化作用，在平缓或起伏不大的有利地形地貌之上形成的可供工业利用的风化壳型镍矿床。值得注意的是，基性-超基性岩的红土化过程既是渐进发育的，也是动态演变的，这决定了当成矿条件发生变化时，不同矿化类型红土镍矿床之间可能发生互相演变。不同矿化类型红土镍矿床成矿条件对比如表 2-2 所示。

表 2-2　不同矿化类型红土镍矿床成矿条件对比

特征	铁氧化物型	含水镁硅酸盐型	黏土硅酸盐型
气候条件	各种湿热的热带气候	炎热、降雨丰沛的热带雨林气候-热带季风气候	相对干旱的热带稀树草原或季风气候
地形地貌	中等偏低的地形，相对平坦的台地地貌	中等或相对高峻的地形，台地边缘的平缓斜坡地貌	中等偏低的地形，相对平坦的台地地貌
排水系统	地下水位线偏高，排水受阻	地下水位线低，自由排水	地下水位线高，排水受阻
大地构造环境	稳定或活跃，地壳抬升起双面作用	活跃，地壳抬升促进发育	稳定，地壳抬升抑制发育
构造条件	剪切构造带促进风化剖面加厚；逆冲断裂抑制风化作用发育	密集节理带加快风化；镍沿着张性破裂面富集；同风化断层促进高品位矿床发育	未见显著影响
基岩特性	纯橄榄岩优于橄榄岩	富镁橄榄岩	蛇纹石化橄榄岩

2.4.2　成矿机制

镍表生成矿是超基性岩红土化过程中的特殊效应，是涉及 Ni 的表生活化—淋滤—次生富集等一系列复杂的矿物学和地球化学过程。在 Ni 元素的活化和淋滤阶段，不同矿化类型之间的发育机制大致类似。氧化和水解作用是造成母岩矿物快速分解的主要营力，促使 Ni 元素从镁橄榄石等母岩矿物中活化释放出来，碳酸作用则促成 Ni 以重碳酸根(HCO_3^-)络合物的形式淋滤迁移。其间可能还包括生物作用的推动。但在次生富集阶段，不同矿化类型之间的发育机制差别甚大，出现由吸附作用、离子交换作用与次生沉淀作用等不同方式主导的多样化 Ni 元素表生富集机制。

1. 铁氧化物型

对于铁氧化物型矿床，成矿作用的关键环节是载镍针铁矿的发育，它是强氧化和水解作用的产物。超基性岩暴露地表后，母岩矿物的稳定性和风化次序先后有别，与矿物本身属性、环境 pH 和 E_h 等条件相关。橄榄石首先被风化，辉石和蛇纹石依次排后。在水解和氧化作用下，橄榄石中的 Mg 和 Si 被大量淋滤，蚀变成为针铁矿。高温多雨的强氧化环境会推动这一反应快速进行，铁质红土逐渐加厚并形成稳定的红土层。Ni 从橄榄石中释放出来后主要保留在剖面中，大部分被新生的针铁矿固定。

当前研究人员对于 Ni 在针铁矿中的赋存状态仍存在争议。Das 等通过淋滤实验认为 Ni 是通过吸附作用被针铁矿固定的。Manceau 等则提出不同的观点，他们通过 EXAFS 技术发现 75%的 Ni 在针铁矿中以置换 Fe 的形式赋存于矿物晶格中，而剩余的 25%存在于针铁矿包裹的锰氧化物微粒中。比较一致的共识是，结晶度差的针铁矿更利于 Ni 的携载(这种特性指示新生比古老的针铁矿更容易形成矿层)。同时，铁氧化物的载 Ni 能力受土壤物理化学环境的制约。表层红土中多富集有机质，产生低 pH 环境。在这种环境下，针铁矿的稳定性易降低而溶解，其吸附的或晶格中的 Ni 会被再次释放并随淋滤溶液向剖面深部迁移。这解释了铁氧化物型矿床中的矿层主要出现在红土层的中下部而非全层矿化的现象。

$$(Fe, Mg, Ni)_2+SiO_4+6H^++2O_2 \longrightarrow H_4SiO_4(aq)+2FeOOH+2Mg^{2+}+2Ni \qquad (2-1)$$

$$FeOOH+Ni^2+2OH^- \longrightarrow FeOOH(Ni)(OH)_2 \qquad (2-2)$$

铁氧化物型红土镍矿床中常伴生钴矿化，主要与红土化过程中的次生锰-钴矿物发育有关。红土风化壳中次生锰-钴矿物的发育与原岩岩性的关系并不密切，全球伴生 Co 矿化现象最显著的红土镍矿床是喀麦隆 Nkamouna 矿床和古巴 MoaBay 矿床，它们的母岩岩性主要是蛇纹岩和蛇纹石化橄榄岩，但其中的 Mn 和 Co 的含量都不高。相比于 Ni，地貌、地下水活动和生物作用等外部因素对红土化过程中 Co 的富集影响更大。Mn 和 Co 都可能是被地下水活动从外源侧向迁移带入的，而母岩中的原地垂向淋滤作用对 Co 成矿可能不起主导作用。在风化壳地下土壤溶液中的 Co 被低结晶度的锰矿物吸附后，Co^{2+} 会被 Mn^{4+} 氧化成 Co^{3+}，进而置换 Mn^{3+} 进入锰矿物的晶格，这被认为是 Co 富集成矿的主要机制。

2. 水镁硅酸盐型

水镁硅酸盐型矿床的成矿机制非常复杂，可能至少涉及两种机制。一种是母岩残留矿物与淋滤溶液发生的离子置换反应，另一种则是表生淋滤溶液的次生沉淀作用。这两种成矿作用都需要以强烈的表生淋滤作用为前提。大部分水镁硅酸盐型矿床的母岩均为遭受不同程度蛇纹石化的橄榄岩类，这决定了蛇纹石等层状硅酸盐矿物在母岩矿物中占有相当比例。在红土化过程中，蛇纹石后于橄榄石分解，它们在风化初期多被残留于腐岩带。印尼 Kolonodale 矿床分析表明，红土剖面下部的腐岩层比红土层环境中的 pH 更高。此外，腐岩层的孔隙度大，饱含淋滤水，这种环境非常有利于层状硅酸盐矿物发生离子置换反应。Burns 提出由于 Ni 与 Mg 有相似的离子半径，层状硅酸盐矿物中的 Mg 易与淋滤水溶液中的 Ni 发生离子置换，从而使原生的富镁矿物变成富镍矿物。热力学数据计算的证据已表明，在反应平衡时，反应趋向 Ni 矿物一方，因为 Ni 在蛇纹石中远比在水溶液中稳定。

$$FeOOH(Ni)(OH)_2+2H^+ \longrightarrow FeOOH+Ni^2+2H_2O \quad (2-3)$$

$$Mg_3Si_2O_5(OH)_4+Ni^{2+} \longrightarrow (Mg,\ Ni)_3Si_2O_5(OH)_4+Mg^{2+} \quad (2-4)$$

$$3Ni^{2+}+3Mg^{2+}+4H_4SiO_4(aq) \longrightarrow (Mg,\ Ni)_3Si_4O_{10}(OH)_2+4H_2O+6H^+ \quad (2-5)$$

次生沉淀作用对于形成高品位水镁硅酸盐型矿床不可或缺。在炎热、强降雨气候条件下，超基性岩红土剖面的上层风化壳会经历更强烈的淋滤作用，导致更多的 Mg、Si 和 Ni 进入溶液，并下渗到剖面深部。在这种富镍表生流体自上而下的迁移过程中，pH 环境也经历了由酸性到中碱性的变化。依据地下水中矿物溶解度与 pH 的关系，淋滤液中溶解的高浓度 Si^{4+}、Mg^{2+}和 Ni^{2+}容易在高 pH 环境下过饱和沉淀，形成次生富镍层状硅酸盐矿物，即硅镁镍矿。由于 Ni 的溶解度比 Mg 小，沉淀于矿物中的 $w(Ni)/w(Mg)$ 值高于溶液中的 $w(Ni)/w(Mg)$ 值，因此次生沉淀的矿物表现出 Ni 的高度富集，Ni 品位最高可达 40%。

硅镁镍矿的次生沉淀成矿作用在新喀里多尼亚地貌“返青”区比较普遍。在上一个红土化周期形成的古风化剖面，会因局部地壳抬升而形成阶地或台地，并在排水系统恢复后，开始新一轮的红土化作用。由于古风化剖面的顶部常被剥蚀，残留“富矿根”。在新的红土化周期中表生淋滤作用会从“富矿根”中萃取出更富镍的流体，导致新红土剖面深部的成矿效应越发显著。在印度尼西亚苏拉维西岛，硅镁镍矿的次生沉淀作用并非形成水镁硅酸盐型矿床中高品位矿石的单一机制，它往往与残留矿物的 Ni 离子置换作用叠加存在，共同提高了镍的表生富集效应。

$$4Mg_2SiO_4+10H^{2+} \longrightarrow Mg_3Si_4O_{10}(OH)_2 \times 4H_2O+5Mg^{2+} \quad (2-6)$$

$$4Fe_2SiO_4+8H^++4O_2+nH_2O \longrightarrow Fe_2Si_4(OH)_2 \times nH_2O+6FeOOH \quad (2\text{-}7)$$

$$2(Mg, Fe)_3Si_2O_5(OH)_4+3H_2O = Mg_3Si_4O_{10}(OH)_2 \times 4H_2O+ 2Mg^{2+}+6FeOOH+3OH^- \quad (2\text{-}8)$$

$$Mg_3Si_4O_{10}(OH)_2 \times 4H_2O+2Ni^{2+}+Ni^{2+} \longrightarrow (Mg, Ni)_3Si_4O_{10} \times 4H_2O+Mg^{2+} \quad (2\text{-}9)$$

存在的问题是，当前对硅镁镍矿的矿物学属性及镍在该类矿物中的赋存形式仍存争议。硅镁镍矿一般被认为是一种由不同比例镍蛇纹石和镍滑石构成的混合物。Colinf 等认为 Ni 多以类质同象 Mg 离子形式进入蛇纹石晶格，而 Yongue-Fouateu 等（2006）则认为蛇纹石本身不含 Ni，Ni 以类质同象 Mg 离子形式进入滑石矿物晶格。

3. 黏土硅酸盐型

对于黏土型矿床，黏土矿物作为主要载镍矿物，它的发育多被认为与不充分淋滤作用有关。黏土型矿床多地处相对温和、干燥且地下水位线偏高的表生环境，红土化作用强度偏低且发育空间局限。在红土化作用初期，强烈的氧化作用会使暴露于地表母岩中的橄榄石形成铁氧化物红土层，这与铁氧化物型矿床类似。但偏高的地下水位线，加上雨量不充足，导致红土层发育期后下伏基岩的继续风化作用受阻。在地下水位线附近，排水不畅造成母岩矿物中的 Mg、Si 等元素未经充分淋滤，橄榄石直接被蚀变成皂石、绿高岭石等蒙皂石族矿物。

此外，蛇纹岩的岩性特征也是促进黏土矿物发育的一个因素。蛇纹岩岩性相对致密，在岩块表面常形成隔水膜和滞水带，这不利于地下水渗流和对母岩矿物进行充分淋滤。在排水不畅的条件下，蒙皂石类矿物同样可能交代蛇纹石，在腐岩层中大量出现。Ni 在蒙皂石类矿物中的赋存状态尚未有专门报道，推测其可能类似于蛇纹石对镍的富集作用，即以 Ni 离子置换或次生沉淀的形式固定淋滤溶液中的 Ni。由于未经充分的淋滤作用，黏土型矿床剖面的上层铁矿氧化物红土层常达不到经济品位，且在蒙脱石类黏土矿石中镍含量也普遍偏低。

不过，上述 3 种红土镍矿床并非截然分开。与新喀里多尼亚 Goro 矿床类似，印度尼西亚 Kolonodale 含水硅酸盐型矿床中存在水镁硅酸盐型矿石与氧化物型（褐铁矿型）矿石，局部发育黏土硅酸盐型矿石。该现象说明同一矿床不同剖面 Ni 元素的表生地球化行为和载体矿物类型也并非完全一致，但总的规律是 Ni 在红土剖面中上部被铁质氧化物固定，在红土剖面下部则赋存于硅镁镍矿、蛇纹石、绿泥石、滑石等水镁硅酸盐型矿物或绿脱石等黏土硅酸盐型矿物中。

2.4.3 成矿过程

基于岩石学、矿物学和元素地球化学特征及空间变化分析，结合矿化剖面从基岩—腐岩带—红土带指示风化作用由弱到强的时间序列，可将红土镍矿床的成矿过程划分为3个阶段，即腐岩化阶段、红土化阶段、次生富集阶段。

1. 腐岩化阶段

超基性岩体出露地表后，风化作用自基岩节理和裂隙逐渐向节理块核心发展。岩石中的橄榄石矿物首先遭受风化作用。受水解作用，橄榄石释放出Mg和部分Si，并沉淀出结晶程度较差的针铁矿。辉石和蛇纹石的风化作用晚于橄榄石，二者的水解作用也伴随Mg的淋滤，其产物多为蒙脱石和铁氧化物，多呈母矿物的假象存在。在上述过程中，Ni与Mg元素的地球化学行为一致，随橄榄石和蛇纹石矿物风化而被释放，多保留在原地被针铁矿吸附，部分进入皂石矿物晶格。风化水解作用使矿物破碎分解且孔隙度急剧增大，密度可降至基岩的一半。Ni品位可由基岩增高至0.6%~0.8%。

2. 红土化阶段

岩石孔隙度的增大加快了表层淋滤液流动，水解淋滤作用进一步增强。基岩结构已完全被破坏，沿节理破碎的岩石碎块风化殆尽，风化产物全部由黏土粒级矿物组成。铁氧化物所占比例进一步提高，蒙脱石类黏土矿物中的Mg也会被淋滤带出。上述作用造成红土剖面顶层几乎全被铁氧化物占据，Mg则大部分被淋滤，形成所谓的“Mg不整合带”。质量平衡计算表明，该阶段基岩中约70%的成分已被迁移带出。该阶段部分Ni被针铁矿吸附，仍残留原地，部分Ni由于针铁矿脱水形成赤铁矿进入淋滤流体向下迁移。该阶段Ni矿品位为0.5%~1%。

3. 次生富集阶段

随着风化作用继续进行，地表风化产物中逐渐富集有机质，产生低pH环境。铁氧化物(主要是针铁矿)发生溶解和重新沉淀，其吸附或晶格中的Ni被再次释放，并随淋滤溶液向剖面深部迁移。在剖面深部的腐岩带，特别是基岩节理裂隙或风化断裂带，碱性环境利于镍以弱酸性的重碳酸盐形式沉淀，并且通过与淋滤液中的 Si 和 Mg 反应生成含镍的层状硅酸盐，即暗镍蛇纹石类矿物。当淋滤流体中富 Si 时，暗镍蛇纹石矿物常和石英共生沉淀，形成胶状环带构造。与此同时，淋滤溶液中的 Ni 可与原腐岩带中蛇纹石蒙脱石类矿物进行离子置换反应。在该阶段，腐岩化形成的矿物与淋滤沉淀次生矿物共存，在淋滤沉淀以及离子置换等次生富集作用下，Ni 品位可提高至 1.5%左右，最高可达 8.71%。

2.4.4　矿床成矿规律

1. 铁氧化物型(氧化型)

对于铁氧化物型红土镍矿床，含矿红土风化壳中产出厚大铁质红土层，其厚度可占整个红土剖面的 50%~90%。在岩(土)相学上，铁质红土层上表现为一套强风化作用产物，以铁质氧化物(氢氧化物)为主要矿物成分，以细粒-黏粒结构和土状构造为主要结构构造特征。

国外学者多将该层位笼统描述为褐铁矿层，或进一步划分出若干亚层。在戈罗(Goro)矿床，铁质红土层包括 3 段，自上而下依次为铁质结核段、红色红土段和黄色红土段；在查尔达格(Caldag)矿床，出现硅化褐铁矿矿带、褐铁矿矿带和铁质网脉黄铁矿带；在考斯(Cawse)矿床，则出现斑驳带、铁腐岩带和塌陷铁腐岩带。尽管铁质红土层的岩(土)相特征因地而异，但其矿物组分大致相同。铁质氧化物和氢氧化物是主要矿物组分，包括赤铁矿、褐铁矿、针铁矿等。这些铁质矿物的结晶程度普遍偏低，富含结晶水且携载矿质元素 Ni，构成红土层中的主要载镍矿物，尤其以针铁矿为主。次要矿物组分多与铁质矿物混染发育，常见石英、蛇纹石、蒙脱石、磁铁矿、高岭土等。铁质红土层是氧化型矿床的主要矿石产出层位，镍平均品位为 1.14%。通常发育在低纬度湿热气候背景下的铁质红土层(如 MoaBay 矿床和 Goro 矿床)比发育在高纬度温热气候背景下铁质红土层(如 Taldag 矿床和 Cawse 矿床)更富镍。

在铁质红土层之下，铁氧化物型剖面中常出现一段薄层的腐岩层。该现象在 MoaBay、Goro 和 Cawse 矿床中均有体现。比较例外的是 Caldag 矿床，该矿床剖面中腐岩层完全缺失，出现铁质红土层直接覆盖基岩的现象。腐岩层是超基性岩风化剖面下部处于半风化状态的产物，以其矿物组分和结构构造部分保留基岩性状而与全风化产物相区别。在传统认识中，尽管部分铁氧化物型红土镍矿床中腐岩层的 Ni 含量可以达到工业品位，如 Goro 矿床高达 2.8%，但由于腐岩带中的矿石类型多属硅酸盐型，且与上覆氧化物型矿石在冶炼技术上不兼容，因此传统上多不对其做经济评价，但当前对其进行综合开发利用已成为发展趋势。

在铁质红土层之上，即铁氧化物型剖面的顶部通常出现一个深红色或紫红色的铁帽，被称为红土硬壳层。该层主要是一些铁氧化物胶结表层黏土矿物形成的硬壳，局部多出现结核状、斑块状构造。由于该层易被风化剥蚀，因此各地发育厚薄不均，甚至多有缺失。

值得注意的是，在铁氧化物型红土剖面中常出现硅化和锰染现象。前者对矿床 Ni 品位产生消极影响，后者则是伴生 Co 矿化的积极信号。硅化多出现在纯橄榄岩之上的红土剖面中，如 Cawse 矿床，这是低铝含量的母岩矿物在风化过程中限制了黏土发育而导致的结果。çaldağ矿床中强烈的硅化现象可能与长期地处高地下水位的滞水环境有关。锰染区段的发育主要集中在铁质红土层的下段，如 Goro 矿床中锰氧化物凝结和充填在含铁腐泥岩中的节理面和孔洞中，并过渡到腐泥岩下面，类似特征也出现在古巴 MoaBay 矿床。在 Cawse 矿床的一些区域，由于红土剖面中的锰染区段常伴生较高的 Co 含量而被重视，这里锰氧化物的产出位置与硅化作用相伴，硅质层的防渗性导致滞水面的形成，有利于锰氧化物发育。铁氧化物型红土镍矿典型矿床矿化剖面对比如图 2-1 所示。

2. 水镁硅酸盐型

对于水镁硅酸盐型红土镍矿床，其显著标志是矿化红土剖面上发育厚大的腐岩层。尽管该类矿床多出现在丘陵或少量高峻地形的山区，风化壳发育的深度很少超过 40 m，但腐岩层厚度可达 15 m。依据岩(土)相特征，腐岩层一般分为上、下两段。不同学者对腐岩层的细分方案各有差异。在多米尼加 Falcondo 矿床，腐岩层按硬度划分出软腐岩层和硬腐岩层；在新喀里多尼亚，腐岩层按构造分为土状腐岩层和块状腐岩层；在哥伦比亚 CerroMatoso 矿床，腐岩层按颜色划分为褐色腐岩层和灰绿色腐岩层等。

虽然不同矿床腐岩层的划分方案不同，但其岩(土)相特征是可大致对比的。总体来看，腐岩层上段多呈褐色或黄色，风化产物粒度偏小且均一程度高，土质组分明显高于岩质组分，疏松多孔，原岩结构构造部分残留但破坏严重；腐岩层下段多呈灰绿色，风化、半风化产物混杂发育，出现大量基岩岩块及次生沉淀产

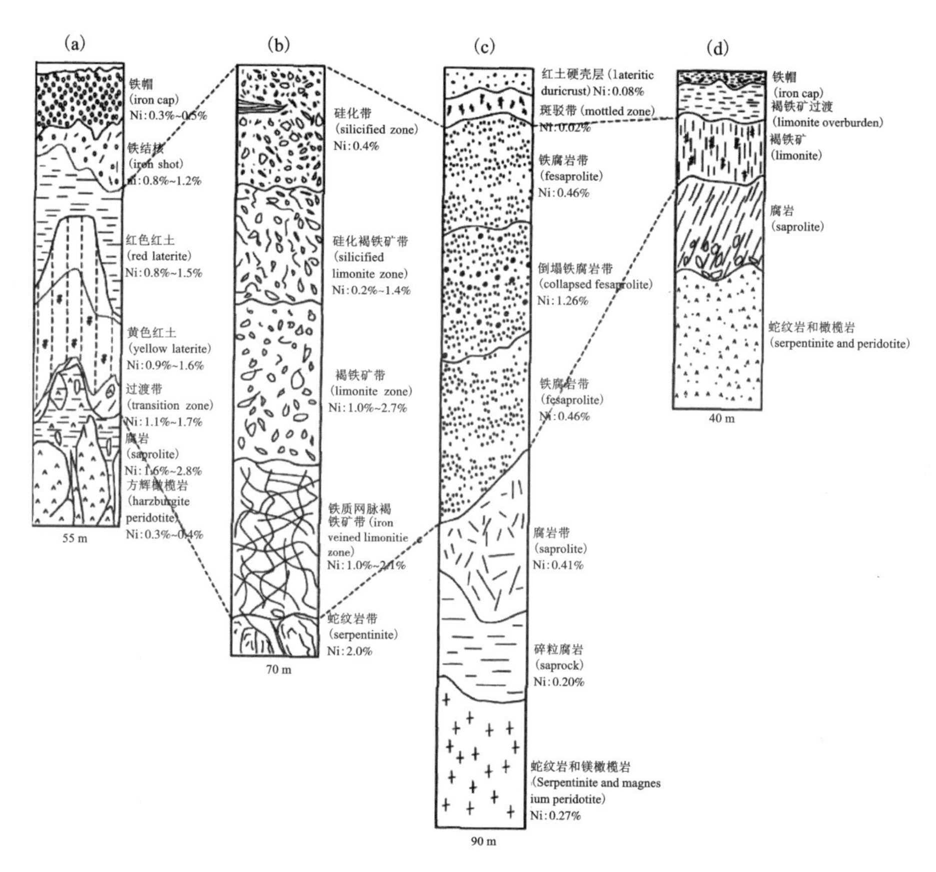

(a)新喀里多尼亚 Goro 矿床剖面；(b)土耳其 Caldag 矿床剖面；
(c)澳大利亚 Cawse 矿床剖面；(d)古巴 MoaBay 矿床剖面。

图 2-1　铁氧化物型红土镍矿典型矿床矿化剖面对比图

物，大粒岩块切面可见明显地从核部到边缘的递进风化环带，原岩结构构造多呈假象或原样残留，局部改造较大。

矿物学上，水镁硅酸盐型矿床腐岩层的矿物组分非常复杂，包括原岩残留矿物(蛇纹石、辉石、铬铁矿等)、残留改造矿物(镍蛇纹石等)、风化蚀变矿物(蒙脱石、针铁矿)及次生沉淀矿物(硅镁镍矿、石英等)等。载镍矿物主要是含水层状镁硅酸盐矿物，包括镍蛇纹石、镍滑石、镍海泡石等 3 种矿物。

硅镁镍矿是水镁硅酸盐矿床的标志性矿物。该类矿物长期以来被高度关注，不仅在于它独特的发育环境、醒目的绿色色调和超高的镍品位，还在于它至今尚存争议的矿物学属性及成因。

在新喀里多尼亚，硅镁镍矿主要发育在风化断裂系统中；在印尼苏拉威西岛Kolonodale矿床，硅镁镍矿一般以蜂窝状、网脉状、瘤状出现于腐岩层底部，与次生沉淀的二氧化硅伴生，主要矿物成分是镍滑石；在哥伦比亚CerroMatoso矿床，硅镁镍矿主要矿物成分是脂光蛇纹石、海泡石和镍蛇纹石。腐岩层是水镁硅酸盐矿床的主要赋矿层位，矿石平均品位可达1.44%。在新喀里多尼亚，腐岩层上部的土状矿石品位可达3.0%，中部砾石状矿石品位可达2.5%，下部岩块状矿石品位可达3.0%。在印度尼西亚苏拉威西岛，腐岩层中硅酸盐型矿石品位普遍超过2.0%，如Kolonodale矿床中硅酸盐型矿石品位可达2.17%。

在腐岩层之上，水镁硅酸盐型矿床的矿化剖面中也普遍发育铁质红土层。在岩(土)相学上，它与铁氧化物型矿床的铁质红土层相似，并可作为矿层进行综合开采，只是发育规模相对偏小。在红土剖面的底部，偶见硅质网脉出现。在红土剖面的顶部，很少发育铁帽层，这可能与该类矿床地处构造活跃带，多遭受强烈物理剥蚀作用有关(图2-2)。

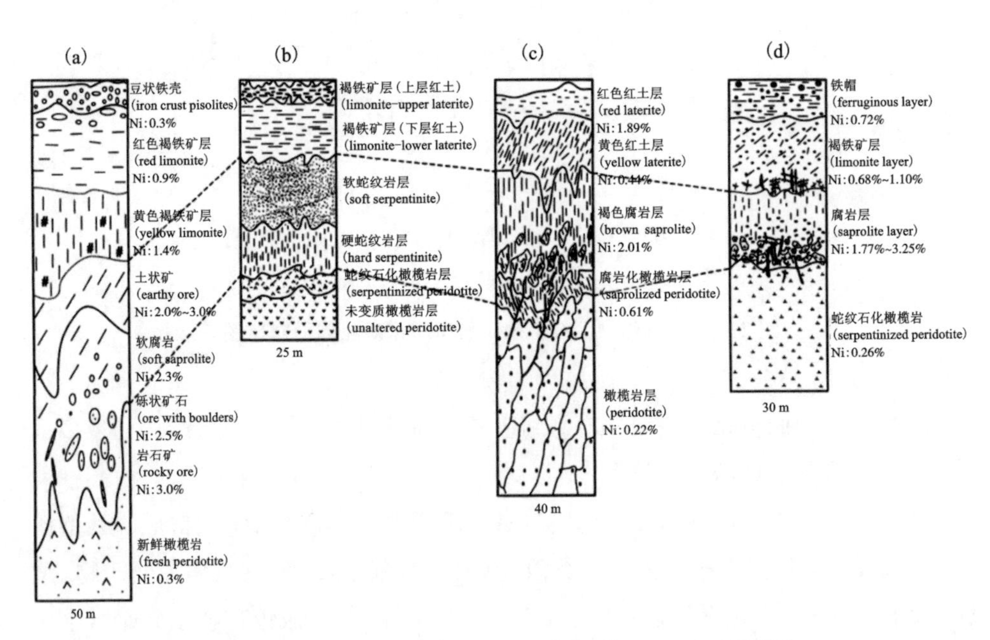

(a)新喀里多尼亚Goro矿床剖面；(b)多米尼加Falcondo矿床剖面；

(c)哥伦比亚CerroMatoso矿床剖面；(d)印度尼西亚Kolonodale矿床剖面。

图2-2　含水镁硅酸盐型红土镍矿床典型矿化剖面对比图

3. 黏土硅酸盐型(黏土型)

对于黏土型矿床，红土剖面上出现稳定的黏土硅酸盐矿物层，这在其他两类矿床中是少见的。不同矿床红土剖面中黏土矿物层的出露位置并不一致，且不同研究者的描述也不统一。

在 Bulong 矿床，该矿层出现在红土剖面的中部，夹于上覆铁质红土层和下伏腐岩层之间，称为黏土层；在 MurrinMurrin 矿床，该矿物层出现在红土剖面的中上部，居于红土残留层和铁质腐岩层之间，称为细粒物质层；在 Nkamouna 矿床，黏土矿物层出现两段，其中下部黏土层是矿层所在位置，它直接覆盖在一段薄层腐岩之上。此外，在印度尼西亚，有学者将该段称为中间层或绿高岭石层。

黏土硅酸盐矿物层的主要矿物组分为蒙脱石类矿物，包括蒙脱石、铁蒙脱石和绿脱石等。它们作为主要载镍矿物与其他的次要载镍矿物(蛇纹石、绿泥石、针铁矿等)一起混杂发育，形成一个相对富镍的矿石层。矿石含镍平均品位为 1.27%，介于水镁硅酸盐型矿床(Ni 品位为 1.14%)和铁氧化物型矿床(Ni 品位为 1.44%)之间。

若单独分析富镍黏土层的厚度，它在整个红土剖面中所占的比例并不大，如 MurrinMurrin 矿床仅占总剖面厚度的约 1/4，但载镍蒙脱石类矿物不仅在黏土层中集中发育，它们在该层下部的腐岩带中也有产出。因此，在黏土型矿床中，黏土质矿石可与镁硅酸盐质甚至氧化物质矿石共同被开采和利用。值得注意的是，黏土型矿石并非黏土型矿床所独有，在巴西众多氧化物型和水镁硅酸盐型红土镍矿床中，黏土型矿石也是矿石原料中的重要组成部分(图 2-3)。

强烈的硅化现象在黏土型矿床剖面中普遍出现。硅化是影响镍矿石品位的一个不利因素，但它是指示红土剖面物理化学环境的一个重要指标，是酸性环境的矿物示踪剂。此外，在干燥气候环境下的黏土型矿床中还会出现菱镁矿等异常矿物相。

不难发现红土镍矿床的成矿特征具有明显的多样性，突出表现在从宏观的岩(土)相结构到微观的矿物组成和矿石品位上，3 种不同的矿化类型各自表现出一定的“脸谱化”特征。此外，成矿特征多样性不仅体现在不同矿床类型之间，在同类矿床不同矿化类型之间也广泛存在(表 2-3)。

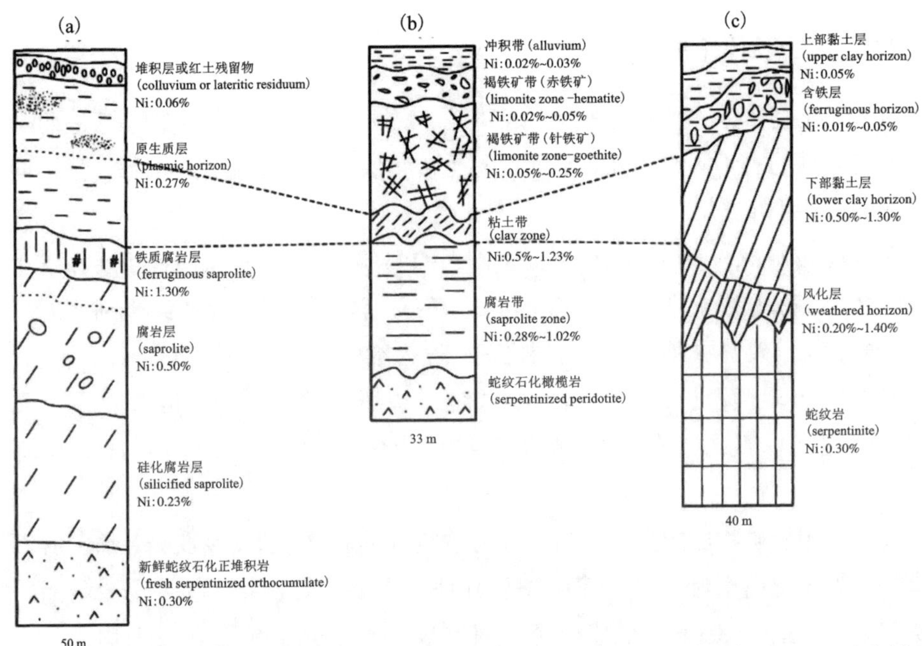

(a)澳大利亚 MurrinMurrin 矿床剖面；(b)澳大利亚 Bulong 矿床剖面；(c)喀麦隆 Nkamouna 矿床剖面。

图 2-3　黏土型红土镍矿床典型矿化剖面对比图

表 2-3　不同矿化类型红土镍矿床成矿特征对比

特征	氧化物型	含水镁硅酸盐型	黏土型
风化壳厚度	中厚层为 20~80 m	中薄层多为 10~40 m	中厚层多为 20~60 m
主体岩(土)相结构	铁帽+红土层+腐岩层	铁帽+红土层+腐岩层	铁帽+红土层+黏土层+腐岩层
优势岩(土)相层	铁质红土层	腐岩层	黏土层
特殊岩(土)相	硅化、锰化普遍	硅化可见	硅化普遍
矿石类型	氧化型+硅酸盐型	硅酸盐型+氧化型	黏土型+硅酸盐型
主要载镍矿物	镍针铁矿、镍褐铁矿	镍蛇纹石、镍滑石、镍海泡石、硅镁镍矿	镍蒙脱石、镍绿泥石、镍高岭石
特定矿物相	锰钴土	硅镁镍矿	菱镁矿
矿石品位	偏低	高	中
伴生 Co 矿化	多	少	少

2.5　红土镍矿找矿标志

2.5.1　大地构造标志

从大地构造位置看，已发现的大-超大型红土镍矿床绝大多数产于板块缝合带（线）上及其附近，如缅甸达贡山、莫苇塘两个大-超大型红土镍矿床均分布于印度板块与欧亚板块的缝合带（线）上；印度尼西亚哈马黑拉苏巴印、马布里两个中-超大型红土镍矿床分布于太平洋板块与哈马黑拉火山岛弧的缝合带（线）上；印度尼西亚威古岛拉姆拉姆东、西富山的红土镍矿床分布于太平洋板块与伊里安板块的缝合带（线）上；世界上最大的红土镍矿床新喀里多尼亚红土镍矿床分布于太平洋板块与澳大利亚板块的缝合带（线）上；古巴奥连特超大型红土镍矿床分布于北美洲板块与南美洲板块的缝合带（线）上。板块缝合带（线）（蛇绿岩带）是红土镍矿最重要的大地构造背景，世界上大约 85%的红土镍矿产于蛇绿岩带。

2.5.2　风化壳标志

大面积超基性岩红土风化壳的分布，是最直接、最主要的找矿标志。因此圈定红土风化壳有效分布区的过程就是划分红土镍矿床勘探区块（矿体）的过程，勘探区块边界相当于一般矿床的矿体边界。

红土风化壳有效分布区是指基岩为超基性岩，且分布在特定地形条件下的红土风化壳。分布于地形坡度为 0~25°的起伏山丘、陡峭地形的起伏地形边缘，以及狭窄山脊的红土风化壳，其下部保存有发育较好的腐泥土层，是高品位红土镍矿的主要分布区，也是红土镍矿的勘探靶区，因此分布在该地形条件下的红土风化壳称为红土镍矿红土风化壳有效分布区；而分布在陡峭地形或低洼平坦地形条件下的红土风化壳，由于侵蚀活动较为强烈，其底部的腐泥土层受剥蚀作用很难保存或红土风化壳来源于异地搬迁物，一般没有腐泥土层发育，因此，分布在该地形条件下的红土风化壳称为红土风化壳无效分布区。

2.5.3　岩性特征

超基性岩的广泛发育，是形成风化壳矿床必不可少的地质条件，找到了超基性岩特别是由其蚀变而来的蛇纹岩等时，就必须对风化壳存在与否予以注意。已知的红土镍矿床大多产于蛇纹石化(蚀变的)橄榄岩的地表风化壳中。这类岩石常构成蛇绿岩带的一部分。超基性岩蚀变即蛇纹石化能将矿物晶格中的镍、钴等有用金属分解释放出来并初步富集。超基性岩体在某些地区还存在这样的特点:岩体上一般无茂密的森林，多形成光秃的山岭，但岩体上残留有砂页岩顶盖或较厚坡积层时，则往往长有森林。因此，在远处即可判断岩体的延长情况，同时根据有无森林，一般可画出岩体接触界线，圈出岩体范围。此外，矿床规模往往与岩体出露面积成正比。

2.5.4 地形地貌标志

红土镍矿是一种典型的风化—淋滤—沉积残余矿床，主要产于基性-超基性岩上部的红土风化壳中，其形态明显受地形表面形态控制。地形地貌是圈定红土镍矿矿床区块(矿体)边界的最重要的天然标志，对地形地貌的研究程度、测绘精度决定资源勘探的可靠程度。由于红土镍矿(湿型)大多分布于赤道附近，属于热带雨林气候，地表植被发育，地表水系发育，地貌较为复杂，开展地形测量工作非常困难，所以，大多数红土镍矿床在勘探时没有进行地形测量，导致资源量的估算误差较大。

高差变化不大的山丘或地形坡度较为平缓的缓坡地段有利于镍矿床的形成、发育和矿体的保存。已知的红土镍矿床多呈面形分布于平缓至中等地形(地形坡度一般为0~20°，不超过25°)、山前缓坡、山梁、山坡、山顶平台之上、高原阶地等地。该类地形能将化学风化作用形成的风化岩石及土壤较完整地保存下来。风化壳往往发育在岩体出露范围内宽广而平坦的剥蚀面或阶地上，其次为缓坡及蝶状凹地，少数宽缓山谷及地形坡度达到30°的地区也有矿体存在。冲刷和切割作用强烈的地区，矿体一般小而薄，或没有矿体存在(表2-4)。

表2-4 红土镍矿地形地貌划分

类型	名称	特征
第一类	起伏的山丘	海拔高程为50~250 m，地形坡度为0~25°，是红土镍矿的主要分布区
第二类	陡峭的地形	海拔高程为280 m左右，坡度为30°~70°，红土镍矿分布在起伏地形的边缘，或在狭窄的山脊；如果侵蚀活动适度发展，局部红土镍矿发展比较好

续表2-4

类型	名称	特征
第三类	山脉地形	海拔高程大于400 m，坡度为25°~70°，地形切割较深，侵蚀活动发育，红土镍矿只发育在狭窄的山脊，开采难度较大
第四类	平坦的低洼地	一般红土层属于搬运沉积物，底部不发育腐岩带，镍品位较低，不进行勘探，当地社区居民主要居住在该区，也是稻田、种植园和鱼蚌的养殖区

2.5.5 地球物理标志

通常情况下，通过重力异常、磁异常(特别是航磁异常、航空重力异常)可以基本确认和圈定超基性岩在区域和局部地区的产出和分布范围。航磁资料显示与该类岩体露头形状相对应的面状、带状、条带状或条状磁异常区。航空重力资料则明显显示相对应的重力正异常区。找到超基性岩特别是由其蚀变而来的蛇纹岩范围之后，基本确认“目标区”。

2.5.6 地球化学标志

地球化学异常是找矿的直接标志。区域上有镍(钴)、铁、铬、石棉等矿床、矿(化)点，并出现与基性-超基性岩有关的元素组合异常，如Cr-Ni-Co等时，可间接地指导寻找红土镍矿床。化探扫面资料均显示为铁、镍、钴、铬等指示元素异常区时，若岩石地球化学资料显示超基性岩为镁质超基性岩，则利于红土镍矿的形成。

2.5.7 遥感标志

在温湿多雨的热带及亚热带地区，在区域地质图(全球的、各大洲的、各地区或国家的、各大构造单元的)和航空卫片上可寻找板块构造缝合带(线)，然后初步判断蛇绿岩带的存在，并从中区分出超基性岩体。形成红土镍矿的超基性岩的影像特征为：显示与区域构造线方向一致的条状或块状、脑髓状山形地貌，山体较为平滑，水系相对不发育。若为密林覆盖，则影像呈暗绿色；若森林覆盖较差，则影像呈暗红“猪肝”色；若为超基性岩体裸露区，则影像多呈红、白红、浅红色。一个区域出现以上影像特征时可以基本确认该区域存在有利于红土镍矿形成的蛇纹石化橄榄岩。

2.6 本章小结

本章从红土镍矿的成矿条件、成矿机制、矿床分类及特征入手，对现有技术水平条件下的找矿特征及标志进行了归纳总结。

第 3 章　红土镍矿地质勘探技术

目前我国红土镍矿床勘探、资源评价依据的行业标准是中华人民共和国地质矿产行业标准《固体矿产地质勘查规范总则》(GB/T 13908—2020)、《固体矿产资源储量分类》(GB/T 17766—2020)、《矿产地质勘查规范　铜、铅、锌、银、镍、钼》(DZ/T 0214—2020)。国外红土镍矿床勘探、中介咨询单位普遍遵守的红土镍矿床勘探标准是澳大利亚矿石储量联合委员会颁布的《JORC 规范》。由于我国的镍资源以硫化镍矿床为主，对红土镍矿床的开发利用较少，《矿产地质勘查规范　铜、铅、锌、银、镍、钼》(DZ/T 0214—2020)中关于镍矿资源的勘探要求侧重于硫化镍矿床，涉及红土镍矿床的要求较少，也不符合镍矿床的开发利用实际情况，依据我国相关行业标准勘探、评价红土镍矿床不能反映红土镍矿床的本质特征，容易给项目的投资决策带来较大的负面影响。而《JORC 规范》更是一个针对所有资源勘探制订的标准，强调的是对勘探、研究人员的资质要求，并不能指导具体的红土镍矿床勘探和资源评价。因此，红土镍矿床的资源勘探、评价没有完全可依据的标准。

近二十年来，金川集团研究、评价了大量的红土镍矿资源项目，几乎遍及世界主要红土镍矿的各成矿带和各种类型。本书基于金川集团近二十年红土镍矿地质勘探经验，总结、整理红土镍矿一般勘探技术和规范。本书编写的勘探技术和规范主要考虑了两个方面的内容，一是红土镍矿床勘探要求，重点说明了红土镍矿床勘探阶段划分、勘探类型划分、地形地貌类型划分和红土风化层有效分布区块(矿体)的概念；二是关于评价内容及要求，主要说明了红土镍矿评价中需要明确的几个重要概念，同时说明了对相关地质工作内容，如何用目前国内相关地质规范来评判和衡量。本书编写的勘探技术与规范简单论述了国内外地质规范和标准在资源类型划分方面的异同，最终找到并确定一个采用国内规范体系来衡量且相对合理的资源分类参数(国内按地质勘探网度划分资源类型)。

本书所述地质勘探技术和规范主要基于印度尼西亚、菲律宾等地的“湿型”红土镍矿项目，对于以西澳为代表的“干型”红土镍矿，由于缺乏较多的经验，暂不进行论述。

3.1 红土镍矿勘探阶段

根据勘探对象、勘探目的和任务的不同，红土镍矿床的勘探宜划分为两个阶段，第一个阶段是地质勘探阶段，第二个阶段是生产勘探阶段。

地质勘探阶段的主要任务是对基性-超基性岩顶部红土风化壳中的镍、铁、钴、镁、硅等元素在三维空间上的分布规律进行控制与研究，勘探对象是层位，勘探目的是为项目开发利用工艺的可行性研究提供较为可靠的地质勘探资料。红土镍矿地质勘探可进一步划分为预查、普查、详查三个阶段。

预查阶段：在(1∶50000)~(1∶25000)比例尺的地形地质填图基础上，通过综合地质研究、初步野外观察、极少量工程验证，初步确定超基性岩的分布范围，根据矿区水系分布和地形地貌特征，初步圈定矿区红土风化壳层的有效分布区块(矿体)，预测可能的资源量，提出可供普查的矿化潜力较大的红土风化壳有效分布区块(块)，要求进行工程网度为200 m×200 m至400 m×400 m的土壤化探、浅井或浅钻控制。

普查阶段：对矿化潜力较大的红土风化壳有效分布区块(矿体)开展(1∶25000)~(1∶10000)比例尺的地形图测量，通过地质、物探、化探等有效的技术工作，进一步控制红土风化壳有效分布区块(矿体)边界，并按一定网度对各区块(矿体)进行工程验证和取样测试，以及可行性概略评价，相应估算矿产资源量，提出是否有进一步详查的价值，圈出详查区块(矿体)。要求对红土风化壳有效分布区块(矿体)的勘探工程网度为100 m×100 m至200 m×200 m。

详查阶段：对普查圈定的详查区块(矿体)开展(1∶10000)~(1∶5000)比例尺的地形图测量，通过地质、物探、化探等有效的技术工作，较为准确地控制红土风化壳有效分布区块(矿体)边界，并按网度对各区块(矿体)进行系统的工程勘探和取样测试，估算矿产资源/储量，并通过预可行性研究，评价区块是否具有工业价值，要求对红土风化壳有效分布区块(矿体)的勘探工程网度为 50 m×50 m 至 100 m×100 m。

生产勘探阶段的主要任务是对冶炼工艺确定的工业矿石分布区块(工业矿体)进行加密勘探，为矿山生产提供可靠的地质资料。勘探手段以钻探为主，也可利用剥离工程边采边探。要求勘探工程网度为 12.5 m×12.5 m 至 25 m×25 m。

3.2　红土镍矿勘探类型及步骤

3.2.1　勘探类型

由于目前红土镍矿床褐铁矿带和腐岩带层位中的镍、铁、镁等元素的含量差别较大，对两个层位中的矿石采取的镍冶炼工艺也不同，目前主要采用湿法和火法两种工艺，两种工艺对镍、铁、镁等元素的含量要求差别也较大。在矿床勘探阶段一般很难确定镍冶炼工艺，因此在勘探阶段确定矿体最低工业品位难度较大，一般以镍品位 0.8%~1.0%为边界品位圈定矿体，估算资源量。如果对镍矿床以 0.8%~1.0%为边界品位圈定矿体，则矿床的勘探类型介于简单与中等类型(Ⅰ-Ⅱ类)之间。红土镍矿床的矿化程度受层位控制，镍元素在各层位中局部富集，而富集体又随机分布，因而镍的富集体在三维空间不能形成连续的工业矿体，在矿床勘探过程中不能对镍矿体进行追踪勘探，红土镍矿床的勘探过程始终是对层位的勘探过程。红土镍矿床的地质特征决定了勘探对象是层位而不是矿体，因此，在地质勘探阶段，红土镍矿床的勘探类型应该介于简单与中等类型(Ⅰ-Ⅱ类)之间。

在现有经济技术条件下，开发利用红土镍矿床要求的矿石品位较高，特别是火法冶炼工艺要求的矿石镍品位大于 1.7%，就红土镍矿床的高品位矿石而言，其在空间上不能形成连续的矿体，勘探类型属于复杂型(Ⅲ)。因此，在生产勘探阶段，红土镍矿床的勘探类型应为复杂型(Ⅲ)。

红土镍矿床在不同勘探阶段所用的勘探类型可以不同，主要原因是不同的勘探阶段勘探对象和任务不同。地质勘探阶段勘探对象是层位，勘探类型介于简单与中等型(Ⅰ-Ⅱ类)之间；生产勘探阶段勘探对象是工业矿体，勘探类型属于复杂型(Ⅲ)。

3.2.2 勘探步骤

目前，全球红土镍矿找矿勘探的重点区域和热点地区：

一是东南亚成矿区，其中印度尼西亚和菲律宾蛇绿岩分布广泛，气候湿热，红土镍矿的成矿条件优越，找矿潜力巨大，是世界红土镍矿找矿勘探的重点。

二是中南美洲成矿区，其成矿母岩既有新生代的蛇绿岩套，又有前寒武纪地盾区绿岩带内的超镁铁质岩，尚有较好的找矿前景。

三是大洋洲成矿区，其中新喀里多尼亚大面积分布的超镁铁质-镁铁质岩系仍有较好的找矿潜力，澳大利亚西部前寒武纪超镁铁质-镁铁质火成岩分布广泛，为红土镍矿的形成提供了得天独厚的物质条件。

此外，非洲地区也有一定的找矿前景，20 世纪 90 年代在非洲西部的科特迪瓦发现了多个红土镍矿床，其中比昂库马—图巴和锡皮卢两个矿床的资源量均在 400 万 t 以上。应该说，红土镍矿的勘探并不存在明显的技术困难。过去，依靠常规的地质及地球化学(如水系沉积物测量)方法已发现了大量红土镍矿床。

由于人们目前已较为系统地掌握了基性-超基性岩的产出与分布情况，因此过去的一些勘探方法在现代红土镍矿勘探过程中的作用有所减弱，新技术、新方法在红土镍矿勘探过程中的作用已变得愈来愈重要。如根据不同比例尺的航空磁法测量结果，人们可以更容易、更精确地圈定超镁铁质岩的分布范围、岩性变化情况及有利的构造部位；利用航空照片，可以初步勾画出工作区的地形、地貌及构造等方面的图件；利用遥感技术及磁法测量结果可以确定多数可供进一步工作的有利地段；利用航空电磁法测量结果可以进行风化壳的三维地质填图。此外，近年来，便携式矿石元素 X 射线荧光分析仪在红土镍矿找矿靶区的快速优选及快速勘探经济评价中发挥了重要作用。

尽管红土镍矿床是人们早已熟知的一种镍矿床类型，但其成矿理论研究长期处在停滞不前的状态，找矿勘探工作也面临着不少问题，主要表现在以下几个方面：其一是矿床地质较为复杂，查清有用矿物和成矿元素分布规律的难度较大；其二是在目前经济技术条件下，很难利用目估法确定矿石的入选品位；只能加大采样密度，并且对其进行化学分析是确定矿石和围岩的唯一手段。

根据红土镍矿的成矿特点和主要控矿因素，以及工作面积的大小、工作详细程度的比例尺、工作平台、工作内容、目标和提交成果的不同，将红土镍矿的勘探流程分为 4 个层次 4 个阶段，按工作面积逐步缩小工作范围，即 1000 km^2→

$100\ km^2 \rightarrow 10\ km^2 \rightarrow 1\ km^2$。4个层次的工作承前启后，工作重点、工作方法、目标及提交的成果互为因果、有序递进。这4个层次是一个逐步缩小工作范围、由浅入深、由表及里逐渐加密取样间距的过程。第一个层次为工作面积1000 km^2和100 km^2的工作，属于项目开发、项目建设阶段。该阶段根据地质资料综合分析，确定找矿远景区，并以少量的投入快速对找矿远景区进行评价，作出有无找矿前景的结论，目标是优选10 km^2左右的找矿靶区，开展正规的普查工作。第二个层次对项目的持续进行和企业的加大投入起至关重要的作用，为项目论证与立项阶段。该阶段可以开展1：10000比例尺的高精度磁法测量，预测深部隐伏超基性岩体以及1：10000比例尺的地质简测，圈定超基性岩分布范围。为了快速查明该地区红土镍矿的找矿前景，可以利用洛阳铲或手摇钻快速取样，但必须有一定数量的浅井和浅钻来进行取样验证和采样质量控制。第三和第四个层次属于对工程加密进行概略性研究和经济评价的过程，为矿山开发建设提供科学依据。根据具体情况按(1：2000)~(1：10000)的比例尺开展地质工作，按(25~100)m×(25~100)m的网度布设浅钻和浅井。若地形平缓，矿体连续性好，可以按(50~100)m×(50~100)m的网度布设浅钻和浅井。如果地形较陡，矿体连续性差，可以按(25~50)m×(25~50)m的网度布设浅钻和浅井。(25~100)m×(25~100)m网度是提交331~333级别资源量的基本网度。

根据红土镍矿的生成条件，其找矿勘探过程大致分为4个步骤：

第一，确定远景区。第二，在远景区寻找矿化富集地段，初步圈定成矿靶区。第三，在矿化最好的区段布置工程进行地质勘探。第四，根据勘探结果估算矿体资源储量并提交地质勘探报告。以上4个步骤是一个逐步缩小工作范围、由浅入深、由表及里逐渐加密取样间距的过程，具体如下。

1. 确定勘探远景区

(1)研究地质条件。

在区域地质图(比例尺1：1000000)上参考地质文献选择超基性岩发育区，然后研究其岩石类型及岩相带划分，在方辉橄榄岩及纯橄榄岩中找矿。原岩中含镍量愈高，对形成红土镍矿愈有利。原岩蛇纹石化、角砾岩化或破碎则更有利于成矿。

(2)选择地形条件。

利用地形图(比例尺 1∶50000)或航空照片判读并进行现场观察，选择利于成矿的地形平坦区或平缓的斜坡地区，作为研究的重点区域。

(3)研究植被特征。

超基性岩风化形成的土壤中含镍量愈高，树木愈不发育。因此，在地面调查之前，先利用卫星图片，寻找树木稀少的有特征颜色的红土区。

因此，一般来说，地形平缓，树木稀少，含镍量较高的方辉橄榄岩及纯橄榄岩发育的丘陵地形区通常是寻找红土镍矿的远景区。

2. 圈定成矿靶区

在垂直于超基性岩体出露延长线方向，按线距 500 m、点间距 400 m 进行穿越地质调查工作，沿途用 GPS 定点、取次生晕样，同时进行地质点简单填图。对采集回的样品进行简单的加工、细磨、烘干、检测，将正样送化验室检测。根据分析数据绘成等值线图，再与地质图综合起来进行研究，圈定成矿靶区。找矿实践表明，镍矿体同镍的弱-高异常地球化学区具有很好的一致性，可以初步圈出地表红土镍矿化较好的靶区。

3. 地质勘探

在选定的红土镍矿化较好的靶区进行地质勘探。重点沿矿化体的主轴方向进行地表路线调查，快速圈定红土风化壳的大致分布范围和分布面积，利用浅井或浅钻，按照 400~800 m 的间距布置工程，确定其含矿性，了解土层厚度变化及各带发育特征和品位。主要分析其中的 Ni、Co、Fe、Mg、Cr、SiO_2、H_2O 等成分。根据化验结果和下一步工作需要，可进行加密勘探，工程网度分为 200 m×200 m、100 m×100 m、50 m×50 m 等，进而进行概略性研究和经济评价。生产勘探时网度还应加密到 25 m 间距，甚至达到 12.5 m，以为矿山开发建设提供科学依据。

4. 资源综合评价

资源储量计算早期采用手工方式，利用电子表格进行计算。首先计算各勘探工程中矿体的平均品位及厚度，然后计算整个矿体的平均品位、厚度及资源储量。近年随着矿业软件的普及，多通过建立地质模型，利用距离反比法、克里金法进行资源储量估算。估算资源储量后，提交相应的地质勘探报告，并决定该工作区是否有必要进行下一步的地质找矿工作。

3.3　红土镍矿勘探方法

红土镍矿勘探方法有物探电法和磁法、地震法、化探、坑探及钻探等方法。由于矿化范围大、异常变化不明显等，物探电法和磁法效果不佳，化探只能取得红土表层的信息，效果有限，地震法仅对了解上层厚度变化情况有一定效果。传统的次生晕地球化学测量及电测深等化探、物探方法，由于具有明显的间接性和局限性，以及成本高、效率低、施工难等缺点，已基本不再使用。

找红土镍矿需要解决 3 个关键地质问题，一是工作区内的红土风化壳是否是超基性岩(尤其是纯橄榄岩、方辉橄榄岩、蛇纹石化橄榄岩等镁质超基性岩)风化形成的；二是超基性岩红土风化壳的分布面积、厚度及形态产状；三是超基性岩红土风化壳(包括地表及深部)的镍矿化富集程度是否达到工业利用价值。

从矿体地质特征来看，红土镍矿体多呈层状、似层状，规模一般较大，埋藏深度较浅，平均深度一般为 20~50 m，最深一般不超过 100 m；矿体中的镍等有用组分分布相对较均匀，夹石一般较少；虽然矿体及其盖层一般松软或较松软，但由于其中的地下水通常较少，浅井壁短期内一般较稳固。对于施工经验丰富的人员来说，在排水条件好的地段，在没有任何支护的情况下，小圆井(直径约 90 m)最深可挖至 40 m。从自然地理特征来看，红土镍矿体多分布于经济欠发达地区且多为热带雨林覆盖，交通、电力、通信、后勤保障等生产、生活条件一般较差。由于红土镍矿的上述特点，在勘探技术手段的选择上，一般以探矿工程控制为主；而在探矿工程的选择上，一般采用浅井和钻探(浅钻)相结合的手段。

红土镍矿具有埋藏浅、找矿标志明显、大多集中分布在热带多雨地区、矿区植被茂密等特点，决定了其找矿方法和勘探手段较简单，通常采用浅井和浅钻勘探方法，易于快速进行勘探评价，找矿成本低，评价和勘探效果好。

3.3.1　勘探工程布置与应用

1. 勘探工程布置

红土镍矿体通常产状平缓、规模较大、形态相对简单，在矿化连续性及物质成分方面无明显的方向性，极适合采用面形勘探网对矿体进行控制。

从理论上说，由于勘探区地形条件对矿体形态、产状、厚度及矿化强弱的影响较大，因此勘探工程的布置应充分考虑地形对矿体的影响，如微地形的沟谷及未完全风化岩体对矿体的切割与破坏。但实际进行勘探工程布置和方案设计时，由于勘探区原有地质工作程度普遍较低，往往很少有大比例尺的地形地质图可用，且勘探区多为热带雨林密布区，通视条件较差，因此，通常不太考虑微地形起伏变化对矿体的影响，探矿工程普遍采用正方格网的形式布置，浅井或钻孔主要布置在方格网的结点上。

2. 勘探工程间距

勘探工程控制网度是根据矿床地质条件的复杂程度(即勘探的难易程度)，由矿床的勘探类型确定。根据我国《矿产地质勘查规范　铜、铅、锌、银、镍、钼》(DZ/T 0214—2020)中的相关要求，镍矿床的Ⅰ类型控制的勘探工程间距为100~200 m，Ⅱ类型控制的勘探工程间距为50~80 m。由于红土镍矿床一般规模较大，矿体平面形态呈似层状，矿体受断层构造的影响较小，矿体厚度较为稳定，镍矿化较为均匀，其勘探类型多为Ⅰ类型或以Ⅰ类型为主，基本的控制勘探网度为100~200 m，在此基础上各加密或放稀一倍可分别求获不同类型的资源量。国际上通常采用400 m×400 m、200 m×200 m、100 m×100 m、50 m×50 m和25 m×25 m等勘探网度对红土镍矿体进行不同程度的控制。

3. 勘探工程控制深度

红土镍矿勘探原则上以控制主矿体为主，工程施工深度应达红土风化壳的底部基岩内。事实上，红土镍矿体与围岩从肉眼上很难区别，在工程施工管理过程中，地质技术人员通常根据浅井或钻孔揭露的岩石风化程度和矿化情况，判定工程是否应该停工。由于深部腐岩硬度较大，施工难度也较大，浅井一般在穿过矿层(或风化层)1 m后即可竣工，而钻孔一般控制到基岩2~3 m后方能终孔。

3.3.2　勘探测量

1. 控制测量

平面控制网的建立，可采用卫星定位测量、导线测量、三角网测量的方法。

(1)坐标、高程系统和起算数据的采用。

说明采用的坐标系统及高程系统、平面、高程控制起算数据的情况等。

(2)首级控制测量、一级加密控制测量。

说明采用的各级控制网的起算点情况、布网形式、布点情况、点位编号、控制网的主要技术要求等。

(3)选点、埋石。

点位应选在地面基础稳定、通视条件好、便于联测的位置;埋石按照规范要求现场浇灌,做好点标记。

(4)观测技术要求。

选用适当的测绘仪器,严格按规范的技术要求进行数据采集。

(5)数据处理及平差。

数据处理包括数据传输、数据格式转换、数据解算、平差计算及精度评定。

(6)高程控制测量。

高程控制测量宜采用水准测量,四等及以下等级可采用电磁波测距三角高程测量,五等也可采用GPS拟合高程测量,高程控制测量中误差满足规范要求。

(7)图根点控制测量。

图根点布设:图根点是地形测量和进行地质勘探工程测量的依据,布设图根点时,应兼顾地质勘探及工程测量的使用,其密度以能满足测图和地质勘探工程测量需要为原则。在地形复杂、隐蔽区,图根点的密度和埋石点数量应适当增加。

精度要求:图根点相对邻近基本控制点的平面位置中误差不大于图上0.1 mm,高程中误差不大于1/10等高距;测站点相对图根点的平面位置中误差不大于图上0.3 mm,高程中误差不大于1/6等高距。

选点、埋石及编号:图根点应尽量选在土质坚硬、视线开阔、有利于地形测量的地方,图根导线采用固定点埋设,支导线点和极坐标点采用固定点埋设,并采用打木桩或临时标志;图根点编号按规则进行设置。

图根点施测方法:图根点测量以三等、四等、一级GPS点为起算点,采用单一附(闭)合导线、GPS定位或测距极坐标法施测。

平差计算及精度评定:依据图根控制的布设形式,选取适当的平差软件及平差方法对图根控制测量进行平差计算及精度评定。

2. 地形测绘

(1)数据采集和测图系统的采用。

平面坐标主要采用全站仪或GPS进行测量，也可采用各种方法的联合作业模式，采用适当软件成图。

(2)数据采集技术要求。

根据现场条件选取适当的仪器、严格按规范的技术要求进行碎部点测量，在采集数据的现场，应实时绘制工作草图，量取陡坎比高，保证数据信息正确，并作为室内成图的依据。对采集的数据应进行检查，删除错误数据，及时补测错漏数据，对超限的数据应重测。在地形复杂的地方采集地形点时，地形线上要有足够数量的点，特征点也要尽量测到；在其他地形变化不大的地方，可适当放宽采集点密度。对山脊线、山谷线和鞍部的点要认真记录，在室内绘图时，对山脊线、山谷线进行连线，形成地形线。

(3)数据与图形处理。

数据采集完成后，被传输到成图软件中，根据工作草图绘制图形，各地物绘制完成后，根据碎部点高程建立三角网、绘制等高线、注记高程点，高程点注记的密度为每平方分米5~15点，在地形破碎、地物密集的地区应适当增加高程点。图形经接边、编辑、修改、注记，检查合格后，生成标准分幅图。

(4)地形图的精度以满足规范要求为标准。

3. 勘探工程放样及测量

钻孔、浅井放样及竣工测量根据地质钻孔及浅井的要求采用全站仪或GPS。

(1)勘探区控制网。

应充分利用勘探阶段已有的平面和高程控制网，并进行复测检查，精度满足施工要求时，可将其作为勘探区控制网使用，否则，应重新建立勘探区控制网。新建勘探区控制网时，可利用原控制网中的点组(由三个或三个以上的点组成)进行定位、定向和起算。勘探区平面控制网可根据场区的地形条件和工程的布置情况布设成方格网、导线及导线网、三角形网或GPS网等形式。控制网点位应选在通视良好、土质坚实、便于施测、利于长期保存的地点，并应埋设相应的标石。高程控制网应布设成闭合环线、附合路线或结点网形式。

(2)施工放样及实测。

放样前，应对平面、高程控制点进行检核；根据钻孔的设计坐标，从附近控制点，采用经纬仪交会法或极坐标法，将钻孔孔位测设于实地；勘探过程中应对钻孔进行检查，当发现钻孔位置及标高与施工要求不符时，应立即通知测量人员，及时处理；钻孔施工完成后，需要进行终孔测量。

3.3.3　地质踏勘

在进行项目现场研究及开展勘探工程前，为了使地质工作的设计和部署切合实际，需要对工作现场的地质和施工条件等进行实地概略调查，以便确定填图单元和下一步工作部署等。地质踏勘工作的主要目标是获取下一步地质勘探方案设计所需基础数据，以及为下一步勘探方案实施进行必要的条件调查。

地质踏勘(图3-1)的主要任务包括：

(1)了解工作区自然地理、经济地理、人文环境，选定钻探基地和宿营地；

(2)了解矿区地形、地貌特征、植被覆盖情况，对踏勘区的地表植被做详细描述，为下一步说明勘探设备及人员通行条件提供数据；

(3)了解红土风化壳范围、基岩出露情况及覆盖情况、主要地层单元的特征和填图单元的划分标志、地质构造与复杂程度；

(4)收集、补充区域地质资料，了解勘探区的成矿背景，观察、收集勘探区前人所获得的地质工作成果(图3-2)。

图3-1　野外踏勘

图3-2　地质资料整理

3.3.4 浅井工程施工

浅井是从地表向下铅垂方向掘进的深度和断面都较小的地质勘探坑道(图 3-3)。其断面形状一般为正方形和矩形，断面面积为 1～2 m^2，深度一般不超过 20 m。在地质勘探中用于了解矿层情况、采集化学/大体重样品和绘制地质图件等。

由于浅井的挖掘主要采用人工方式进行(图 3-4)，受地形、沼泽、地下水位、夹石等影响，很多地段难以开挖到腐泥土层或基岩层，因此利用浅井采集的化学样品仅适用于勘探初期，对潜在资源起指示作用，不能用作资源量计算的依据，并且由于人工开挖浅井费时费力、存在一定安全隐患，容易发生安全事故，浅井工程应用逐渐减少。

图 3-3 浅井

图 3-4 浅井施工

基于地质工作的性质及施工条件，矿区勘探初期探矿工程施工主要采用浅井，普查及详查阶段则采用以钻孔施工控制为主，辅以少量浅井的方式。在一些国家和企业，出于安全考虑，已经限制(开挖深度不能超过 8 m)或禁止开挖浅井，仅在采集大体重样品时，才采用此方法。

1. 施工准备

(1)位置确认。

测量人员按设计坐标进行放点，并在开挖位置做好相应标识。开工前用手持GPS再次验证开孔坐标，确保位置准确。

(2)场地准备。

在选定开挖位置平整场地，清理浅井周边灌木及杂草，并预留浅井堆土位置。

(3)施工工具。

浅井通常为人工挖掘，使用的工具主要为短柄铁锹、吊桶、绳索、卷尺等，浅井施工数量较多、较深时，采用发电机加电镐或空压机加风镐挖掘、机械绞车提升、电吹风机通风和电灯照明。

2. 浅井施工步骤

(1)标示施工位置。

将选定的位置用铁锹铲平整，以放点位置为中心，按照设计尺寸，用卷尺、铁钎在平整好的地面上划线标示施工位置和浅井规格(图3-5)。

(2)搭建防护设施。

在浅井周围钉好防护桩，拉隔离绳，搭好防雨帐篷(图3-6)。

图3-5 标示施工位置

图3-6 搭建防护设施

(3)安装弹簧秤。

进行大体重测量时，需要安装弹簧秤来称量体重。如现场选择适当位置支好弹簧秤，对铁桶称重(图 3-7、图 3-8)。

图 3-7　支好弹簧秤

图 3-8　称重

(4)采集大体重样品。

平整浅井底部后用卷尺、铁钎按规格画出采集大体重样品的位置(图 3-9)，按此位置下挖，每 1 m 采集 1 件大体重样品(图 3-10)，边挖边采集样品称重，同时用卷尺测量井深，挖至设置尺寸后平整井底并停止采集样品。

图 3-9　确定采集大体重样品的范围

图 3-10　采集大体重样品

大体重样品的体积使用规则样坑凿取法测定，即在采样位置凿取一个方便测量其体积的四周及底部均较平整的方形样坑，样坑各壁必须平整且互相垂直，取出矿块称重，并精确测量样坑的长、宽、深，计算其体积，现场测定样品质量，计算出样品湿比重并记录，之后将其破碎，在 105 ℃下烘干，再称取样品干重，计算出干比重及湿度数据。

大体重样品体积计算公式为：

$$V=L_1\times L_2\times L_3$$

式中：V 为矿石体积；L_1、L_2、L_3 为所取大体重样品断面边长。

烘干后的大体重样品缩分后，进行样品分析，分析元素为 Ni、Co、Fe、SiO_2、CaO、MgO、Al_2O_3、Cr_2O_3、MnO、P_2O_5、TiO_2 等。

(5)采取刻槽样品。

浅井深度每挖 1 m，从浅井四壁，用铁锹均匀取样(样品质量不少于 4 kg)，现场称重并记录刻槽样品的湿质量；然后对样品编号并装入塑料袋密封，烘干后称重并记录刻槽样品的干质量，最后将其加工成 200 目样品送实验室化验分析。

(6)竣工。

认为浅井工程揭露情况已达到地质工作目的并进行终孔测量后，可以竣工。浅井施工结束后应回填压实，设封口标记，需要保留的浅井则必须在浅井周围用木桩搭建防护栏。

3. 浅井施工技术要求

(1)浅井按 1 m×1 m 左右的方井规格施工，设计深度小于 8 m，样品采集在穿过覆盖层后进行。

(2)选择浅井位置的同时应揭露出褐铁矿层和腐泥土层，并采集大体重样品。

(3)浅井施工中挖掘出的岩矿渣土均按每米一堆沿浅井四周顺序堆放，并做标记。

(4)浅井深度用皮尺实际丈量，井深和取样深度每 10 m 校正一次。

(5)浅井施工现场应设置安全护栏和警戒围栏、警示标志，避免非施工人员进入及井口掉土。不施工时，对井口必须进行安全覆盖，防止人员坠落。

(6)浅井地质观测、编录及采样、验收等工作结束后，对不需保留的浅井，应按照规定回填压实，并设封口标记。对需要保留的浅井则必须在浅井周围用木桩搭建防护栏，避免人员坠落。

3.3.5 钻探工程施工

红土镍矿钻探分为螺旋钻探和取芯钻探两种。

(1)螺旋钻探(图 3-11、图 3-12)：主要在螺旋钻杆的表面采集随钻杆拔出后带出的红土，每钻进 1 m 采集一件样品。由于螺旋钻探不足以穿透红土层和基岩层，多数情况下螺旋钻探终止于褐铁矿化红土层，通常钻探深度为 5 m 左右并且其化验分析结果可靠性差。因此，仅在勘探初期矿化较好的地段采用螺旋钻探，对潜在资源分布及下一步工作起引导和指示作用，不能用作资源量计算的依据，也不能作为主要的探矿手段。

图 3-11　手动螺旋钻探

图 3-12　动力螺旋钻探

(2)取芯钻探(图3-13、图3-14):根据浅井和螺旋钻探的施工结果无法全面掌握勘探区地质情况,取芯钻探因其可以穿透主要含矿层位、施工速度较快、取样结果可以用于资源储量估算的优势成为目前红土镍矿勘探过程中最为常用和有效的勘探手段。勘探时钻进基岩1~2 m可终孔,每钻进1 m采集一件样品。由于岩芯膨胀,样品长度经常大于1 m。

图3-13　取芯钻探1

图3-14　取芯钻探2

1. 施工准备

(1)孔位确认:测量人员按设计钻孔坐标进行放点,并在孔口做好相应标识。钻机开工前用手持GPS再次测量开孔坐标。如果遇到钻孔放点位置处于树根处或岩石上的情况,应修改设计并对钻孔进行适当挪移(挪移范围小于2 m);对地形起伏较大的钻孔,使用树干、绳索等在开孔位置固定好钻机,解决钻机安装问题。

(2)钻机进场准备:确定钻机进场路线,修通道路,应提前平整钻机平台、挖好水池,相关钻探工具应摆放合理,铺上挡泥板、布置好安全线。

(3)钻机的安装(图3-15):将钻机安放在开孔位置,对钻机的安装质量进行检查,如紧固螺丝是否拧紧、固定桩位是否钉牢、液压油位是否正常、钻杆起下时钻机是否正常、动力设备是否运行正常等,确认钻机及人员的安全性达标后,才能开始钻孔施工。

2. 钻探施工步骤

(1)钻孔取芯(图 3-16)：按照施工要求，钻机每钻进 1 m 需提取一次岩芯，用钢卷尺测量岩芯长度并记录。

图 3-15　钻机安装

图 3-16　钻孔取芯

(2)岩芯摆放(图 3-17、图 3-18)：施工人员将岩芯放入岩芯箱时按顺序摆放，应避免拉长或者压缩岩芯，防止将泥浆及覆土作为岩芯混入岩芯箱中。岩芯牌填写内容准确，摆放于岩芯箱上部中间位置。

图 3-17　岩芯及岩芯牌的摆放 1

图 3-18　岩芯及岩芯牌的摆放 2

(3)钻探记录：钻探施工人员必须准确、及时填写钻探记录。避免漏记、混记，应复核岩芯采取率是否正确。

(4)地质编录(岩芯编录)：地质编录必须在现场认真、及时进行，客观、准确、齐全地反映第一手地质资料。编录时对钻探记录、回次岩芯牌、回次岩芯长度等逐一进行核对量测，然后按照岩芯钻探地质编录规程进行简单的观察、分层、记录和描述(图3-19、图3-20)。

图3-19　岩芯编录

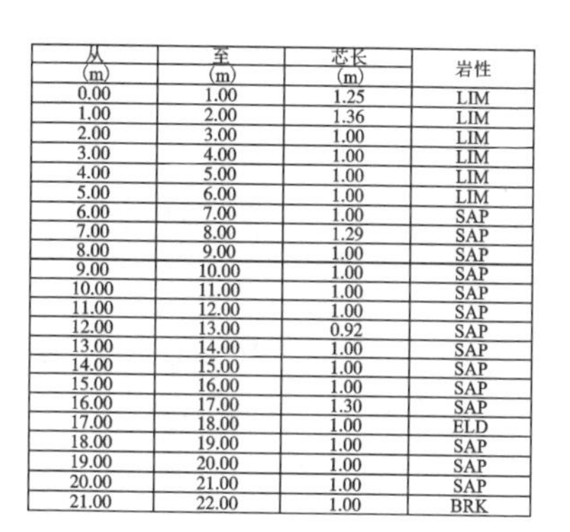

从(m)	至(m)	芯长(m)	岩性
0.00	1.00	1.25	LIM
1.00	2.00	1.36	LIM
2.00	3.00	1.00	LIM
3.00	4.00	1.00	LIM
4.00	5.00	1.00	LIM
5.00	6.00	1.00	LIM
6.00	7.00	1.00	SAP
7.00	8.00	1.29	SAP
8.00	9.00	1.00	SAP
9.00	10.00	1.00	SAP
10.00	11.00	1.00	SAP
11.00	12.00	1.00	SAP
12.00	13.00	0.92	SAP
13.00	14.00	1.00	SAP
14.00	15.00	1.00	SAP
15.00	16.00	1.00	SAP
16.00	17.00	1.30	SAP
17.00	18.00	1.00	ELD
18.00	19.00	1.00	SAP
19.00	20.00	1.00	SAP
20.00	21.00	1.00	SAP
21.00	22.00	1.00	BRK

图3-20　岩芯编录表

(5)样品采集：对岩芯拍照后，进行岩芯样品采集装袋工作。确定每个样品的起止位置，按照1 m 1样的标准采样装袋，对于分层的岩芯，按层位分别采样装袋(图3-21)。每袋单独编号，并用封条封口(图3-22)，当天钻探结束时带回岩芯库妥善保存。样品经制样后一半送实验室分析，另一半妥善保存。

图3-21　样品采集装袋

图3-22　岩芯袋封口

(6)小体重样品采集(图 3-23、图 3-24)：小体重样品在岩芯中采集。通过肉眼观察褐铁矿或腐泥土的土状岩芯较完整部分，各采取一件长度为 15~20 cm 的圆柱体，并记录取样位置、长度。小体重样品单独密封包装并编号，防止水分蒸发。

图 3-23　小体重样品 1

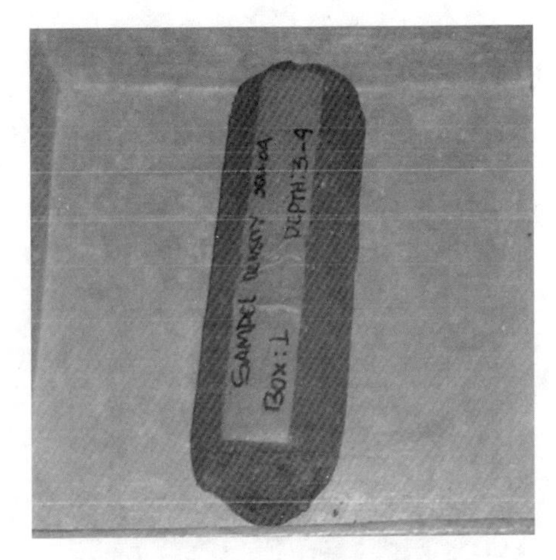

图 3-24　小体重样品 2

(7)终孔：所有钻孔均应钻到基岩 1~2 m 后停钻，钻孔深度可根据现场实际情况适当进行调整。认为钻孔揭露情况已达到地质工作目的后，停止钻孔施工。制作封孔桩，并标记孔号、开孔时间、终孔时间、钻孔深度等信息后，将封孔桩插入钻孔完成封孔(图 3-25、图 3-26)。

图 3-25　测量孔深

图 3-26　封孔桩

（8）终孔测量：钻孔封孔后，测量人员使用测量设备进行终孔测量（图3-27、图3-28）。

图3-27　终孔测量1

图3-28　终孔测量2

3. 钻探施工技术要求

（1）钻探施工按《岩芯钻探规程》（DZ/T 0227—2010）执行。

（2）钻探工艺应采用金刚石钻或合金钻，不允许用冲击钻。

（3）施工前应检查孔口坐标，并在孔口做好相应标识。

（4）钻探均采用直孔钻进，钻孔岩矿芯采取率一般为100%（如有特殊情况，如空洞、碎石等，可视施工情况在岩芯箱进行标识），各矿层岩（矿）芯采取率不得低于80%。

（5）使用的钻探工艺应保持矿石原有结构特点和完整性，避免岩（矿）芯粉碎贫化。

（6）钻孔孔径应满足地质取样及各种分析测试要求。

（7）要求对钻孔进行详细的地质编录，严格按红土镍矿的层位划分地质界线。地质编录必须在现场认真、及时进行，并客观、准确、齐全地反映揭露情况。

（8）要求全孔连续取样，取样长度为1 m。钻探过程中由于岩芯膨胀或者丢样，样品长度经常大于1 m或不足1 m。样品装袋保存，其中1/2用作化验分析，对另外 1/2 妥善保存。

3.3.6 样品制备

红土镍矿石不同于一般金属矿，其样品的加工制备更加烦琐和复杂，而样品的化验分析、水分含量测试及干湿体重测试等对红土镍矿的资源量估算及金属量计算具有特别重要的意义，因此做好样品加工制备过程中的称重、烘干、缩分、磨制等每一项工作都极其重要。只有样品加工过程科学、严谨，才能保证样品分析结果准确无误，从而保证矿床矿层划分、资源量估算及金属量计算准确、可靠，为进行项目经济评价及设计提供翔实、准确的基础地质资料。

(1)样品制备前的准备。

钻探采取的岩芯应在钻探现场由地质人员划分取样位置之后按批次运送至制样间。各批次样品应注明项目名称、区块名称、钻孔编号、所装样品批次日期。

为甄选出砾石，提供冶炼原料的精准品位数据，在进行样品制备前，应在制样间将每个样品按照粒度大于 6 英寸(1 英寸 = 2.54 cm)、小于 6 英寸大于 2 英寸、小于 2 英寸分类之后分别制备、送检。

(2)样品制备。

参考以往国内外大量勘探公司的样品加工流程及红土镍矿石特点，经过反复试验，确定样品制备的主要流程，如图 3-29 所示。

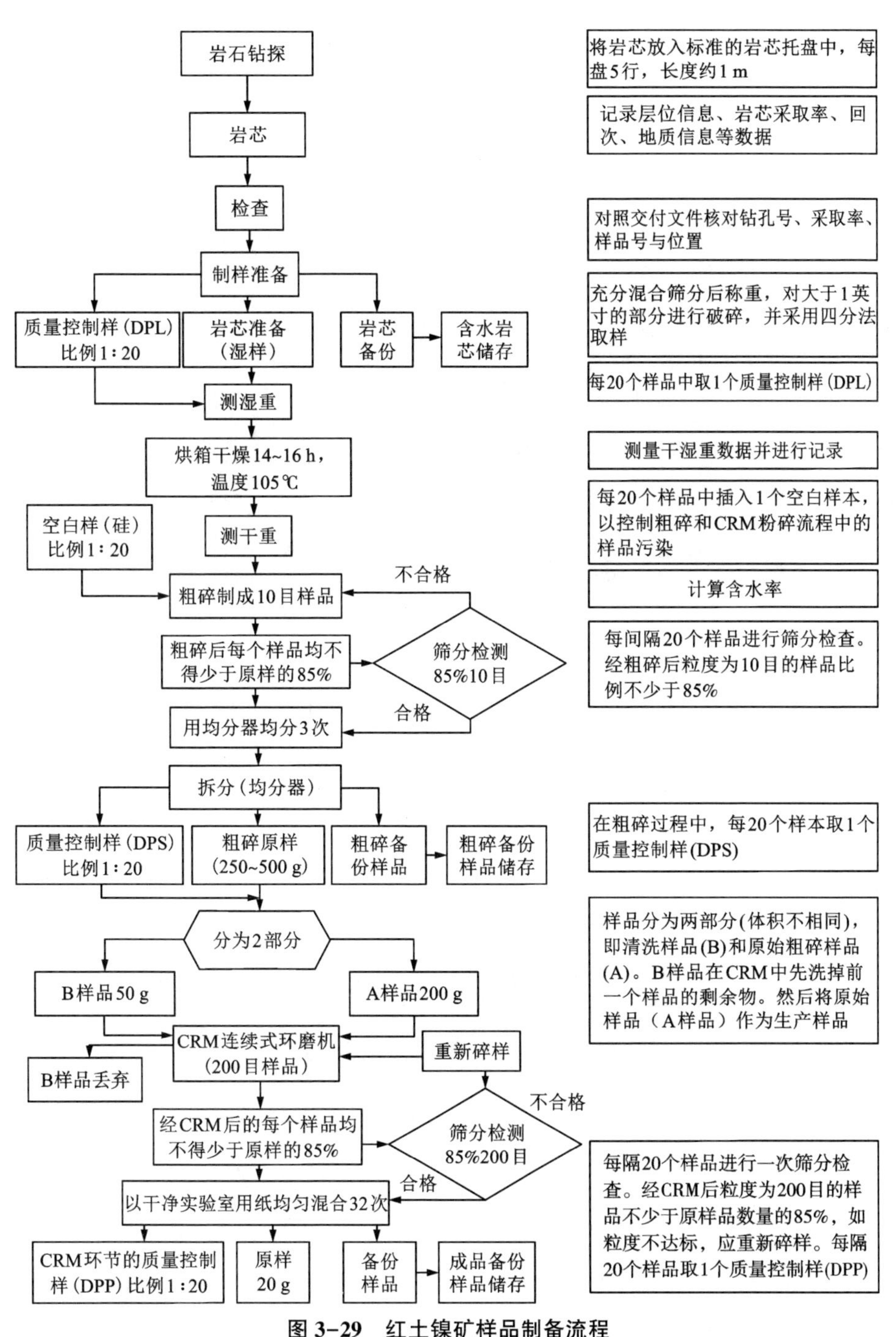

图 3-29　红土镍矿样品制备流程

按照图示流程，具体操作如下：

①核对登记(图 3-30)。将岩芯运至制样车间，并摆放整齐，按回次摆放标识牌，核对回次芯长、分层位置之后逐箱拍照，标识取样位置后，进行分类、编号和记录。

图 3-30　核对登记

②按粒度筛分(图 3-31)。记录完毕后，根据取样位置采取样品，对岩芯筛分称重。单次取样长度一般为回次进尺 1 m 所对应的芯长。需要注意的是，在层位分界前、后应分别取样。每个样品按照大于 6 英寸、小于 6 英寸大于 2 英寸、小于 2 英寸 3 个粒度级别进行分解(如样品中无大块砾石，则不分解)，最后分别进行筛分、称重。

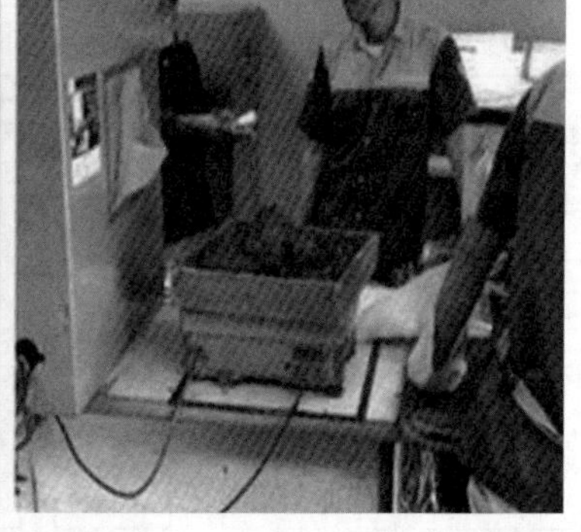

图 3-31　按粒度筛分

③四分法取样(图 3-32)。称重后，将岩芯在工作台上充分破碎及混合，用四分法取样，按对角取一半样品进入下一步烘干，另一半留存作为备份；粒度大于 2 英寸的样品直接烘干后进行破碎。

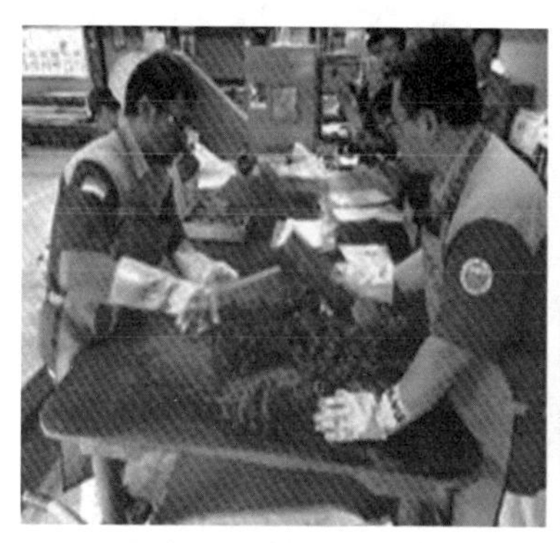

图 3-32　四分法取样

此环节每间隔 20 件样品应多制备 1 件用于进行质量控制的 DPL 样品，此样品参与后续全部制备过程。

④称取湿重(图 3-33)。样品烘干前，依次核对孔号及样号，之后将样品均匀置于烘干托盘中称量湿重并做好记录。

图 3-33　称取湿重

⑤样品烘干(图 3-34)。湿重记录完毕后，将样品分批放入烘干炉中，调整温度为 105 ℃，烘干 14~16 h，烘干期间不得打开烘干炉。

图 3-34　样品烘干

⑥称取干重(图 3-35)。样品烘干完毕后开炉，检查样品是否彻底干燥，确认合格后，称量样品干重。

图 3-35　称取干重

⑦样品粉碎(图 3-36)。干重称量完毕后，样品即进入磨制环节。先将样品投入粉碎机磨制为 10 目粗样。

图 3-36　样品粉碎

此环节中，每间隔20件样品，增加1件空白样品(硅)，以控制此环节与下一步CRM环磨流程中的样品污染(若发生样品污染，目标可定位在20件样品之内)，此样品参与后续全部制备过程。

⑧样品缩分(图3-37)。将经过粉碎的样品反复摇动混合后投入二分之一缩分器(缩分器为1进口、2出口结构，入口处放入样品会在其内部平均分为两份，并从下部2个出口送出)，反复缩分3次之后得到250~500 g样品，之后过10目筛，每件样品过筛85%以上视为合格，如不合格，需要重复粉碎步骤，重复过筛(图3-38)。之后将缩分得到的每件样品分为A与B两部分，A部分200~400 g，B部分50~100 g，然后进入下一工序。如有需要，剩余样品作为缩分环节的备份样品储存，否则可销毁。

图3-37　样品缩分

图3-38　过10目筛检查

在样品缩分环节，每间隔20件样品应多制备1件用于质量控制的DPS样品，此样品参与后续全部制备过程。

⑨200 目样品制作(图 3-39)。为了清洗上件样品制备后的残留，最大可能地减少前、后样品之间的互相污染，在 CRM 连续式环磨机制取 200 目样品时，应先将 B 样品(清洗样品)投入机器中充分研磨 8~10 min，待 B 样品磨制完毕后将其全部倒出，并作为生产垃圾处理。用空气枪吹净研磨钵后再将 A 样品(正式样品)投入机器中充分研磨 8~10 min。

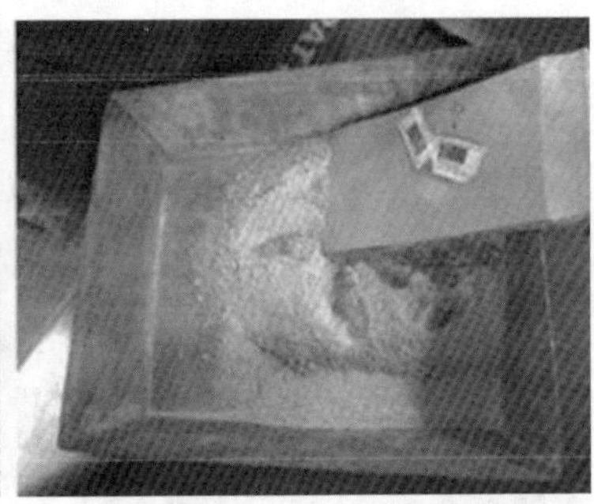

图 3-39　200 目样品制作

磨制后的样品需要过 200 目筛检测(图 3-40)，每件样品 85%以上通过视为合格，如不合格，需要重复 CRM 磨制步骤，重复过筛检验。

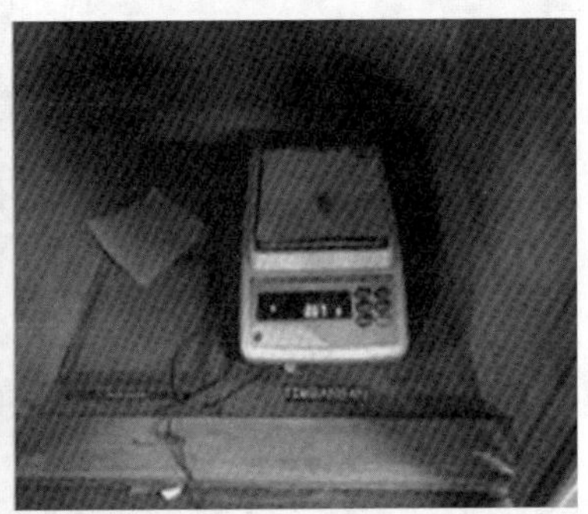

图 3-40　过 200 目筛检测

⑩样品装袋。取干净的实验室用纸铺于工作台上，把已磨制成 200 目的样品倒在上面，均匀摇动 32 下，之后装袋，换纸制作下一件样品。成品样的质量应为 20~30 g，剩余样品作为备样留存(图 3-41)。

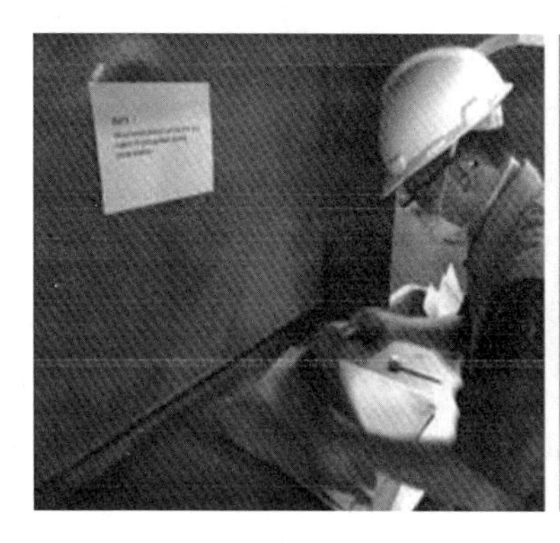

图3-41　摇匀样品

在此环节，每间隔20件样品应多制备1件用于质量控制的DPP样品，此样品参与后续全部制备过程。

(3)样品制备中的质量控制措施。

从样品制备流程可以看到，在一些特定的环节，每间隔20件样品加入了DPL、空白、DPS、DPP这几种质量控制样品，具体如下：

DPL样品：岩芯用四分法取样，称湿重之前，每间隔20件样品制备一件DPL样品，最终的DPL样品化验结果与其质量控制原样化验结果进行对比，用于四分法取样环节的质量控制。例如，原样号为001，DPL样品编号为DPL001，DPL001样品来自001号样品，若最终样品DPL001与样品001的化验分析结果对比差距较大，则该样品前、后的20件样品在四分法取样环节存在样品失控的情况，下同。

空白样品：样品烘干完毕后，测量干重时，在每个DPL样品对应的质量控制原样粉碎之前添加1个空白样品(SiO_2质量分数为99%以上)，控制样品粗碎及CRM环磨流程之间的样品污染。例如，在001号样品前添加1个编号为BLK001的空白样品。

DPS样品：进行至缩分器分样步骤时，从质量控制原样中另外制备1件DPS样品，将其最终化验结果与其质量控制原样化验结果进行对比，用于此环节的质量控制。例如，在此环节从001号样品中取出1份作为DPS样品，编号为DPS001。

DPP样品：样品制备完成后，从成品质量控制原样中另外制备1件DPP样品，将其最终化验结果与其质量控制原样化验结果进行对比，用于此环节的质量控制。例如，从001号样品中取出1份作为DPP样品，编号为DPP001。

3.3.7 样品分析

(1)分析方法的选择。

目前国际上对于镍、钴的测定通常采用滴定法、分光光度法、原子吸收光谱(AAS)法和电感耦合等离子体原子发射光谱法(ICP-AES)等。但以上分析方法多以单成分测定为主，不能同时测定多种成分，且测定时需将红土镍矿样品溶于酸或碱中，前处理过程比较烦琐，耗时较长，使用大量酸、碱会污染环境。

X射线荧光光谱法目前具有较为广泛的应用，且相较于其他分析方法，在分析红土镍矿样品时具有快速、准确、简便、不破坏环境且能同时、准确测定多种元素的独特优势。随着高性能X射线荧光光谱仪及软件技术的迅速发展，其分析技术越来越成熟，以标准物质为基体，添加相关待测元素的高纯氧化物和标准溶液制备红土镍矿校准样品，采用熔融制样的方式，检测烧失后的样品，并对分析结果进行烧失量校正处理，即可一次分析出样品中Ni、Al_2O_3、CaO、Co、Na_2O、Cr_2O_3、Fe/Fe_2O_3、MgO、MnO、K_2O、P_2O_5、SiO_2、TiO_2、P的含量，分析的浓度范围从μg/g到100%，测定结果与化学分析方法比对，二者达到较高的一致性，能够完全满足红土镍矿的成分检测要求。

(2)样片准备。

①试剂的选择。

选择的试剂包括：$Li_2B_4O_7$∶$LiBO_2$混合溶剂(12∶22荧光专用试剂)，使用前经650 ℃灼烧4 h；LiBr溶液浓度为60 mg/mL；$LiNO_3$溶液浓度为220 mg/mL；高纯MgO、高纯Al_2O_3、高纯Fe_2O_3、高纯SiO_2、高纯Cr_2O_3，使用前经1000 ℃灼烧2 h；镍标准溶液(GSBG62022-90)浓度1000 μg/mL；锰标准溶液(GSBG62019-90)浓度1000 μg/mL；磷标准溶液(GSBG62009-90)浓度1000 μg/mL。

②标准样品的制作。

由于目前基本没有市售的红土镍矿有证标准物质，为了对样品各元素含量进行精确测量，必须配制标准样品。考虑到样品熔融过程也是一个非常好的样品均匀化过程，以铁矿有证标准物质为基础，Ni、P、Mn等成分以标准溶液形式加入，MgO、Al_2O_3、SiO_2、CaO、Fe_2O_3等成分以直接称取高纯基准试剂形式加入。根据所需浓度按校准样品总质量为0.6000 g分别计算出所需各成分的质量或体积，并将其置于坩埚内，再加入混合熔剂，熔铸成玻璃片。

标准样品中各成分的含量见表3-1。

表3-1　标准样品中各成分的含量

成分	含量/%	成分	含量/%
Fe	12.59~67.01	CaO	0.05~11.77
Ni	0.01~5.00	TiO_2	0.03~10.88
SiO_2	0.50~55.00	MnO	0.05~0.50
Al_2O_3	0.20~11.62	Cu	0.0062~0.0595
MgO	0.20~25.00	P	0.0037~1.01

③烧失量的测定。

分别准确称取2.000±0.001 g预干燥样品和标准物质于已灼烧恒重的瓷坩埚内，放入温度恒定在1000 ℃的马弗炉内灼烧至恒重，并计算烧失量。

④样片准备。

准确称取(0.600±0.001) g灼烧后的样品，加入(6.000±0.001) g混合溶剂于熔样皿中，混匀后，加入1 mL 60 mg/mL的LiBr溶液，1 mL 220 mg/mL的$LiNO_3$溶液，在电炉上烘干5 min后，放入1150 ℃自动熔样机内熔融，在15 min后倒入已预热的铸型模具中，取出风冷5 min以上，则样片和模具自动剥离，取出待测。

经试验发现，大多数样品在1000 ℃情况下加热10 min也能得到均匀的样片，但此时溶液比较黏稠，流动性不好，且红土镍矿中有含量较高的难熔氧化物Cr_2O_3，故在1150 ℃下熔融15 min，样品能完全熔开并较易从坩埚转移到模具中冷却成型(图3-42)。

图3-42　熔铸完成的样片

⑤工作曲线建立。

不同的 X 射线荧光光谱仪具有不同的测量条件，在具体项目中应参考具体仪器的测量条件测定标准样片，并按随机分析软件 SpectraPLUS 中的可变理论 α 影响系数法进行回归分析及基体效应的校正，建立工作曲线。

(3)样品分析(图 3-43)。

将制备完成的熔片样品放入 X 射线荧光光谱仪中进行测定。以 Epsilon 4 型分析仪为例，该分析仪有 10 个样品分析位，对每件红土镍矿样品，均制备 9 个熔融样片进行分析，再放入 1 件标准样，使用理论系数法校正基体效应(校正公式分别对应所使用的分析软件)，取结果平均值为最终分析结果。

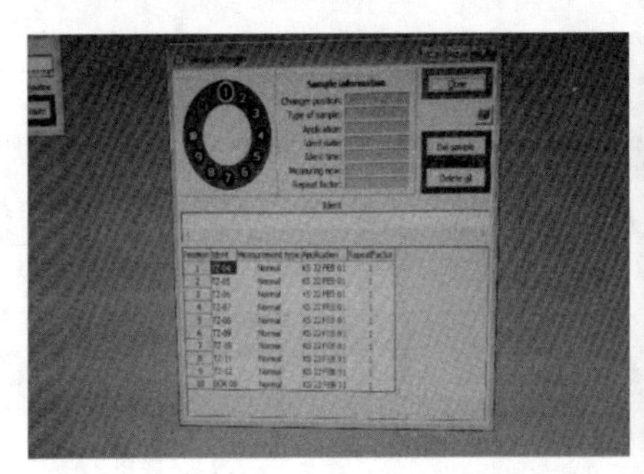

图 3-43　样品分析

3.4　红土镍矿资源估算技术

3.4.1　资源量估算指标

3.4.1.1 工业指标

我们目前接触到的红土镍矿资源量估算结果中，圈定矿体采用的 Ni 的边界品位不是很统一，唯一统一的是大家经常采用 w(Ni)= 1.0%作为边界品位。我们都知道，边界品位是指具有经济价值的最低品位，而在实际的红土镍矿开发中，采用 w(Ni)= 1.0%作为边界品位，可以说几乎毫无意义。

因此，应根据不同的矿石类型也就是不同冶金工艺的要求确定边界品位，目前国际上对于湿法冶金工艺，一般要求矿石中 Ni 的平均品位在 1.3%以上(古巴毛阿镍矿)，对于火法冶金工艺，一般要求矿石中 Ni 的平均品位在 1.7%以上(印度尼西亚、菲律宾）。

因此对于氧化物型矿石（褐铁矿层矿石），主要比对边界品位 w(Ni)= 1.2%以上的资源量数据；对于硅酸盐型矿石（腐泥土层矿石），主要比对边界品位 w(Ni)= 1.6%以上的资源量数据，有些矿床可比对 w(Ni)= 1.5%为边界品位时的资源量数据（例如菲律宾 Iplan 项目、印度尼西亚 Solway 公司 Maba 矿床）。需要指出的是，边界品位的确定与 Ni 的市场价格及开发成本密切相关，进行资源量评价时可以采用上面的标准对比矿床资源的情况，但在资源量估算过程中，为满足下游专业经济分析工作，应从 w(Ni)= 1.2%至 w(Ni)= 2.0%按 0.1%的增量分别估算资源量。红土镍矿床工业指标要求见表 3-2。

表 3-2　红土镍矿床工业指标要求

项目	湿法工艺		火法工艺	
	褐铁矿层	腐泥土层	褐铁矿层	腐泥土层
边界品位/%	0.8	—	1.0	1.0
最低工业品位/%	1.0~1.2	—	1.4~1.5	1.6~1.7
矿床平均品位/%	1.4	—	1.7~1.9	1.8~2.0
最小可采厚度/m	1	—	1	1
夹石剔除厚度/m	2	—	2	2

注：本指标为参考指标，具体指标可依据不同的镍价和工艺流程进行调整。

3.4.1.2 规模

1. 矿床规模

红土镍矿床规模一般比硫化镍矿床大，但目前对于红土镍矿床的规模还没有明确的划分，一般按硫化镍矿床规模的 2 倍来划分，见表 3-3。

表 3-3　红土镍矿床规模划分参考表

矿床规模	划分指标/万 t
大型	>20
中型	5~20
小型	<5

2. 矿体规模

红土镍矿由于呈面状分布，矿体长度和宽度一般比硫化镍矿体规模大，但厚度一般比较小，平均为 1~3 m。目前对于红土镍矿体规模还没有明确的划分，可参考表 3-4 进行划分。

表 3-4　红土镍矿体规模划分参考表

矿体规模	划分指标	
	长度或宽度/m	厚度/m
大型	>3000	>10
中型	1000~3000	3~10
小型	<1000	<3

3.4.1.3 矿石元素综合估算

红土镍矿床矿石矿物主要为硅酸盐矿物和氧化物矿物。镍的含水硅酸盐（硅镁镍矿、镍绿泥石）、铁的含水镁硅酸盐（绿脱石）、铝的含水镁硅酸盐（多水高岭石）、铁的氧化物（针铁矿、含水针铁矿）和锰的氧化物（硬锰矿和锰土）在此类矿床的矿石中占主要地位。红土镍矿一般由分布在上部的红土氧化镍矿层和下部的硅酸镍矿层组成。前者矿物成分以表生的针铁矿、赤铁矿、锰土类、钴土类、铝土类及少量黏土类矿物为主。后者矿物成分以淋滤作用生成的绿脱石、含镍的蛇纹石、硅镁镍矿（暗镍蛇纹石、镍绿泥石、石英）等矿物为主。矿石中除含镍、钴等有用元素外，主要化学成分还有铁、镁、铝、锰、硅等。

"湿型"红土镍矿石主要为硅酸镍氧化矿石，自然类型以褐铁矿型和腐泥土层为主。褐铁矿型矿石以低镍高铁低镁为特征，腐泥土层矿石以高镍低铁高镁富硅为特征。筛析结果表明，红土镍矿石的粒度很细，尤其是褐铁矿层的矿石，100 目粒级的含量高达 70%，腐泥土层粒度相对较粗，但 100 目粒级的含量通常占 50%以上。

目前全球在利用红土镍矿资源过程中，逐步形成氨浸、酸浸（常压、加压）及直接火法冶炼三种工艺流程技术，最佳工艺流程的选用取决于矿石类型和矿石质量，不同的冶炼工艺对矿石质量的要求不同。

红土镍矿主要由铁氧化物和硅酸盐类矿物组成，化学分析结果显示，其主要组成元素有Fe、Si、Mg、Co、Al、Cr、Ni等，Co作为伴生有益元素在多数矿床中均有存在，但也有少部分矿床含量很低或没有，Cr的情况与之类似。

红土镍矿冶金工艺主要分为湿法冶金和火法冶金两类，这两种工艺处理的红土镍矿石有很大的区别。湿法工艺适合处理褐铁矿层的矿石，褐铁矿层矿石也称为氧化物型矿石，这种矿石位于红土层上部，铁含量高、镍含量低，硅、镁含量较低，钴含量较高。火法工艺适合处理腐泥土层的矿石，腐泥土层矿石也称为硅酸盐型矿石，这种矿石位于红土层下部，硅、镁、镍含量较高，铁、钴含量较低。

据有关资料，氧化物型和硅酸岩型矿石的主要成分及其含量见表3-5。

表3-5　红土镍矿床不同类型矿石的主要成分及其含量　　单位：%

	Ni	Co	Fe	MgO	SiO_2
氧化物型矿石	0.8~1.5	0.1~0.2	25~50	0.5~15	10~30
硅酸盐型矿石	1.5~3.0	<0.05	10~25	15~35	30~50

低镍高铁矿

Ni	Fe	H_2O	P	SiO_2	MgO	CaO
0.6~1.0	48~52	30~35	0.003~0.009	3.0~6.0	0.5~2.8	0.01~0.1

中镍高铁矿

Ni	Fe	H_2O	P	SiO_2	MgO	CaO
1.3~1.7	25~40	30~40	0.003~0.009	3.0~6.0	0.5~2.8	0.01~0.1

高镍低铁矿

Ni	Fe	H_2O	P	SiO_2	MgO	CaO
1.7~2.1	13~18	30~35	0.003~0.009	3.0~6.0	0.5~2.8	0.01~0.1

一般研究认为红土镍矿中的有用元素除了Ni之外，还有Fe、Co、Cr，有害元素主要是P和S。红土镍矿中除以上有用元素外，含量较高的物质有二氧化硅、氧化镁、氧化铝，这些物质在红土镍矿加工处理过程中，会增加原材料消耗和成本，因此含量越低越好。

需要指出的是，二氧化硅和氧化镁含量的比值对于火法冶金工艺很重要，因此，进行资源估算时要对这两种物质含量进行估算，并计算出二者含量的比值。

这一比值也可作为评价红土镍矿石质量的指标，一般认为该值大于1.6时会显著降低冶炼成本。

3.4.1.4 勘探类型及勘探网度

依据《矿产地质勘查规范 铜、铅、锌、银、镍、钼》(DZ/T 0214—2002)，并参考《矿产地质勘查规范 菱镁矿、白云岩》(DZ/T 0202—2002)中红土型铝土矿的相关内容，确定红土镍矿勘探类型。

对于矿床勘探程度，必须首先按区块(矿体)分别进行评价，然后对矿床整体进行评价。如果矿床各区块(矿体)的勘探程度不同，应分类统计、分别计算不同勘探程度的区块(矿体)资源量；如果矿床区块(矿体)的勘探网度是两种以上(含两种)，原则上应分别计算不同勘探网度的勘探区域资源量。

由于红土镍矿分布区域大，矿体规模多是人为地以矿权范围进行划分(与硫化镍矿的自然规模大小不一致)，不同边界品位的矿体变化也较大，因此不宜根据硫化镍矿的资源量大小来划分矿体规模。

红土镍矿矿体规模建议以经济边界品位为界线(如印度尼西亚红土镍矿、褐铁矿层镍边界品位1.2%，腐泥土层镍边界品位1.6%)分层进行资源量估算，规模大小以边界品位圈定矿体规模及矿体复杂程度(连续性、单矿体个数等)进行评价，而不是以整个红土镍矿的规模来进行评价。

表3-6 勘探类型划分参考表

勘探类型	复杂程度	矿床特征
Ⅰ	简单	大型规模，单矿体长、宽均大于10000 m
		形态简单的层状、似层状矿体
		厚度稳定，平均厚度20 m以上
		内部结构简单，无夹石或无矿天窗，镍品位稳定
		地表平缓或单坡
Ⅱ	中等	中型规模，单矿体长、宽2000~10000 m
		形态简单的大透镜状矿体
		厚度变化较大，平均厚度15~20 m
		内部结构中等，有少量夹石或无矿天窗；镍品位变化较大
		地表起伏不大

续表3-6

勘探类型	复杂程度	矿床特征
Ⅲ	复杂	小型规模，单矿体长、宽小于 10000 m
		形态为小透镜或小的不规则形态矿体
		厚度变化大，平均厚度<15 m
		内部结构复杂，有较多的夹石或无矿天窗，镍品位变化较大
		地表起伏大

注：①矿体规模，指的是依据经济可行的边界品位所划分的单矿体规模；②夹石或无矿天窗，指的是低于边界品位的矿体或废石。

3.4.1.5 资源量、储量级别

红土镍矿床的资源/储量划分标准宜遵守《JORC 标准》的 3-2 分类法，即 3 类资源量(Measured Resources 为探明级资源量、Indicated Resources 为控制级资源量、Inferred Resources 为推断级资源量)，2 类储量(Proved Ore Reserves 为探明的储量、Probable Ore Reserves 为推定的储量)。

依据表 3-6，对红土镍矿矿权区进行分析、研究，明确勘探类型，确定勘探程度和勘探工程间距及资源量级别(表 3-7)。

表 3-7　各勘探类型工程间距参考表　　单位：m×m

勘探类型	探明级资源量	控制级资源量	推断级资源量
Ⅰ	(80~100)×(80~100)	(160~200)×(160~200)	(320~400)×(320~400)
Ⅱ	(40~50)×(40~50)	(80~100)×(80~100)	(160~200)×(160~200)
Ⅲ	(20~25)×(20~25)	(40~50)×(40~50)	(80~100)×(80~100)

3.4.2　资源量估算方法

红土镍矿地质建模及资源量估算的主要工作内容为：应用矿业软件建立矿区地质钻孔数据库，在此基础上构建地表模型、矿层模型和品位块体模型，采用适合的估算方法对矿体/层进行资源量估算。

其工作步骤为原始地质资料处理→建立地质数据库→提取矿层信息→建立分

层实体模型→建立块体模型→在品位模型基础上估算资源量→提交估算报告。

3.4.2.1 勘探工程数据库建立

红土镍矿一般以多个矿体集中连片分布，勘探面积从几平方千米到上百平方千米，勘探网度从 25 m×25 m 至 400 m×400 m，勘探工程从几百个到上万个，因此红土镍矿的勘探工程数据库规模相对较大，可采用专业矿业软件建立钻孔数据库，将地质勘探数据存放在第三方数据库软件内，然后在三维图形显示环境下利用软件数据库引擎来访问、管理和利用数据库信息。

原始地质信息是按钻孔表、测斜表、岩性表、化验表在矿业软件数据库中分别进行描述，各个表相互独立，通过唯一的“工程代号”在表间建立逻辑关联，在保证数据最小冗余的同时，最大限度包含原始信息。

专业矿业软件建立钻孔数据库的优点有：

(1)数据清晰，各表结构单一。

(2)将钻孔定位、测量、编录、取样工作分开，符合矿山实际工作流程。

(3)数据冗余达到最小，符合关系数据库格式，可以轻松地将数据存于各种数据库产品中进行数据管理。

(4)建立的地质勘探数据库在钻孔数据查看、编辑、管理、地质建模及资源量估算各个环节应用广泛。

3.4.2.2 地表模型建立

建立地表模型(DTM)是为了直观、清楚地表达地表与矿体等其他空间体的三维位置关系。地表模型的构建一般以地形等高线为基础，而等高线一般包括具有高程值和不具有高程值 2 种属性。对不同类型等高线需要进行不同的预处理。

(1)等高线具有高程值，此种情况比较简单，提取等高线及相应的高程值，并将其导入软件中，即可生成三维地形模型。

(2)等高线不具有高程值，需要进行高程赋值预处理。一是从数字化好的 CAD 图纸中，通过 AutoCAD 软件，逐条提取等高线，进行高程赋值；二是把 CAD 文件导入其他第三方软件中，利用“高程自动赋值”功能进行赋值。

根据矿区地表测量成果数据，通过以上两种方法，可以快速建立地表模型。

3.4.2.3 矿层模型建立

红土镍矿可分为褐铁矿层、腐泥土层、基岩三个明显层位。每一层的特征和元素含量变化都非常明显，地层简单，很少出现分层穿插的现象，因而可以根据勘探钻孔数据库按钻孔的岩性/品位批量提取，对同一岩性的钻孔数据提取顶底板位置，并生成每一个矿层的顶底板层面模型，再利用这些层面和地形模型进行组合，对块模型的赋值及资源量进行估算。钻孔数据库层位显示、提取层位信息建立层位模型分别如图3-44、图3-45所示。

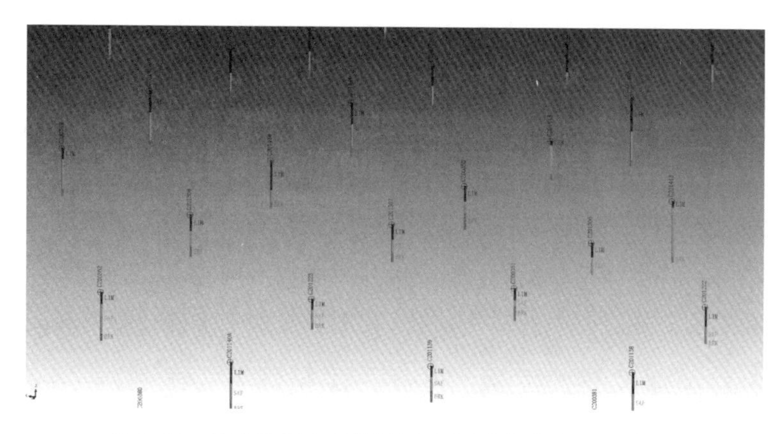

图3-44　钻孔数据库层位显示(不同颜色代表不同矿层)

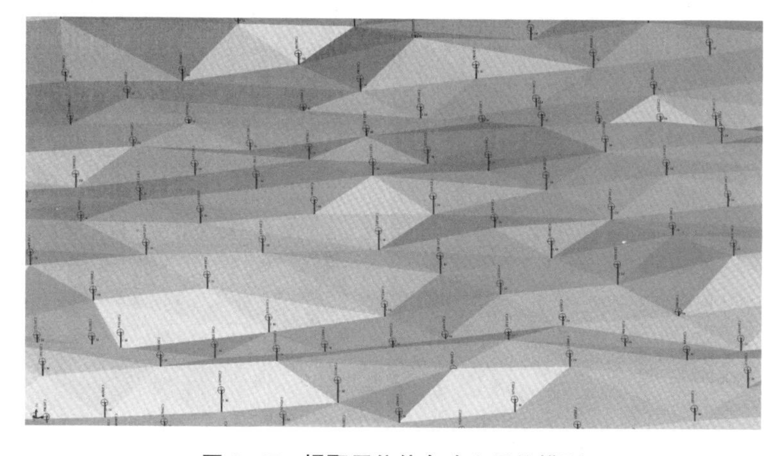

图3-45　提取层位信息建立层位模型

3.4.2.4 资源量估算

1. 数据预处理

资源量估算数据预处理包括样品组合处理、原始样统计分析与特高品位处理三项内容。

样品组合处理：运用地质统计学估算资源量时，在品位插值前，为了消除因原始取样长度不一对搜索椭球体参数的影响，需对原始样品进行重新组合，组合样品长度以占绝大多数原始取样长度为准。

原始样统计分析：根据样品组合处理结果分别对 Ni、Co、Fe、MgO、SiO_2 等物质的化验结果进行统计分析，得出这些物质在不同层位的分布规律。

特高品位处理：由于物质在地质环境中自然富集，部分样品品位相对较高，不能真实地反映矿体的实际特征，因此在计算资源量前，需要对特高品位进行处理。通常特高品位按矿体平均品位的 6~8 倍计算。

2. 建立块模型

块模型是一种空间型数据库，它由很多插值数据构成，这些数据不是真实测量值或者化验值。通过有限的钻孔数据，利用块模型来估计三维空间的体积、吨位以及品位。

每个块的质心定义了该块的几何参数，比如坐标(X、Y 和 Z 值)。每个块包含多种属性，这些属性可以是数值型也可以是字符型，常用的属性包括估算物质品位、体重、资源类别、最近估算距离、平均估算距离、估算样品数、矿区、矿段、矿层等信息。每个块的尺寸定义需要根据矿体规模和资源赋存位置及工程间距等因素确定。块体模型必须覆盖所有勘探工程。图 3-46 为块模型示意图。

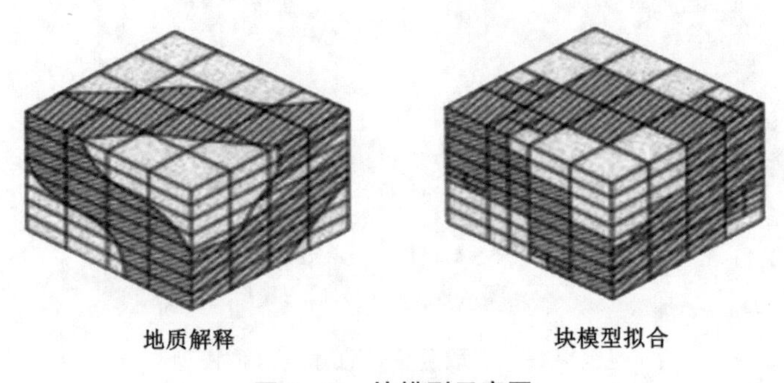

图 3-46　块模型示意图

3. 估算方法

(1)传统方法。

国外早期红土镍矿项目估算资源量通常利用电子表格，采用三个因素相乘并对所有钻孔求和的估算方法：

$$T_{ore}=\sum S_i\times H_i\times D_i$$

式中：S_i—单个钻孔影响面积；H_i—单个钻孔矿化厚度；D_i—矿石体重。

图 3-47 为钻孔影响面积示意图。

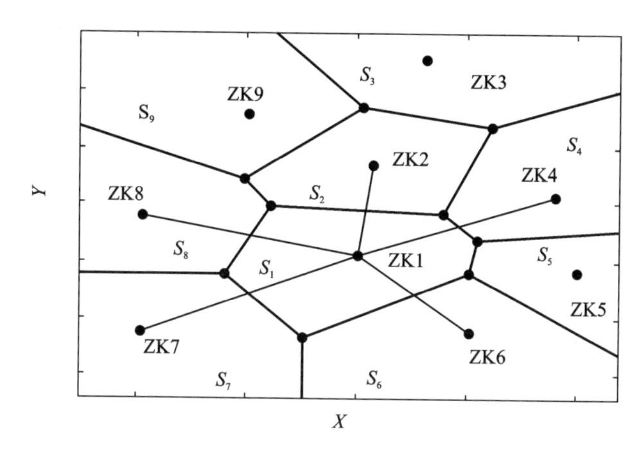

图 3-47　钻孔影响面积示意图

估算方法是将两相邻钻孔距离的一半作为该钻孔的影响距离，采用这种估算方法只考虑了单个钻孔的作用，未考虑周围钻孔的影响。

(2)距离幂次反比法。

距离幂次反比法(图 3-48)是一种与空间距离有关的插值方法，即在估计待估点的值时，按照距离越近权重值越大的原则，利用已知点和待估点之间距离取幂次后的倒数为权重系数进行加权平均的方法。距离幂次反比法是一种几何空间内插方法(空间统计学)，它利用未采样点与已知邻近值的距离指数幂次成反比的关系来推估未采样点的值。它认为与未采样点距离最近的若干个点对未采样点值的贡献最大，其贡献与距离成反比。

距离幂次反比法理论计算公式为：

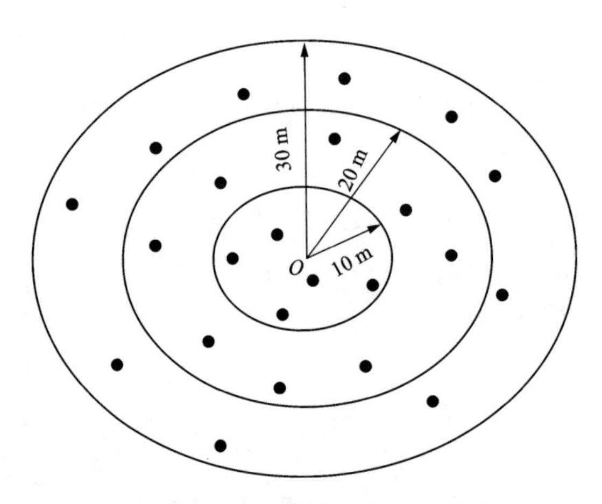

图 3-48　距离幂次反比法示意图

$$Z = \frac{\sum_{t=1}^{n} \frac{1}{(D_t)^p} Z_i}{\sum_{t=1}^{n} \frac{1}{(D_t)^p}}$$

式中：Z 为估计值；Z_i 为第 $i(i=1, \cdots, n)$ 个样本；D_t 为与未采样点的距离；p 为距离的幂。

(3)克里格法：

克里格法是地质统计学中一种局部估计方法，以变异函数为主要工具，对区域化变量进行插值，求插值过程中的最优线性无偏估计量。根据研究目的和条件不同，克里格法可细分为简单克里格法(simple Kriging)、普通克里格法(ordinary Kriging)、对数正态克里格法(lognormal ordinary Kriging)和指示克里格法(indicator Kriging)和泛克里格法(Kriging with trend)等，其中应用最为广泛的是普通克里格法。

应用克里格法对区域化变量进行局部估计时，将矿体划分成许多相同或相似的长方体 V，用在一定范围内的系列样品值 $V_\alpha(\alpha=1, 2, \cdots, n)$ 为 V 估值，以估计方差最小、权系数之和等于 1 为条件，形成克里格方程组：

$$\begin{cases} \sum_{\beta=1}^{n} \lambda_\beta \overline{C}(V_\alpha, V_\beta) - \mu = \overline{C}(V_\alpha, V) \\ \sum_{\alpha=1}^{n} \lambda_\alpha = 1 \end{cases}$$

式中：$\overline{C}(V_\alpha, V_\beta)$为样品对之间的协方差平均值；$\overline{C}(V_\alpha, V)$为样品点与长方体中心之间的协方差平均值；$\lambda_\alpha$为样品的权系数；$\mu$为拉格朗日因子。

以上地质统计学方法在进行资源量估算时，是将所有的钻孔看作一个整体，充分考虑了每一个钻孔特别是相邻钻孔的数据情况，并进行综合的分析整理，拟合出一个能够充分反映矿体品位变化特征的曲线，并尽可能反映矿化的实际情况，品位空间变化更趋于真实合理。这样估算出的整个矿体资源量准确性相对较高，提高了资源量估算的可靠性。

3.4.2.5 报告资源储量

采用适合的资源量估算方法，对块体模型赋值(单一值，如体重)和估值(插值，如品位)后，就可以进行报告资源储量工作。报告资源储量应按矿体(层)类别、矿石类型和品位分别报告资源储量(矿石量、矿物量)及品位，计算各类别资源储量所占比例。

矿业权范围内若存在生态环境保护和用途管制区、压覆区等特殊区域，则要对特殊区域内的资源储量单独进行估算和报告。

对于共(伴)生矿产的资源储量也应进行估算和报告，分别说明各种共(伴)生矿产的取样方法、基本分析结果、组合样数目、块段平均品位、矿床平均品位的计算方法、资源/储量估算方法及结果等。

在三维矿业软件平台上采用现代方法估算红土镍矿资源储量时，可从两个方面考察判定其估算结果的可靠性和估算误差，一是所建立的矿体三维地质模型是否与矿体的客观地质实际相符，二是采用的估值方法和相关参数的选择是否合理。

在红土镍矿资源储量实际估算过程中，通常进行多种估算方法的对比。如在三维矿业软件平台下，一般要对普通克里格法与距离幂次反比法两种估值方法的估算结果进行比较，主要用于检查同一矿体三维地质模型中不同估值方法和相关参数选取的合理性；此外还要对传统方法(如地质块段法或多边形法)及现代方法(如普通克里格法或距离幂次反比法)的资源量估算结果进行对比，主要用于检查三维矿业软件平台下所建立的矿体三维地质模型是否与矿体的客观地质实际相吻合。在比较传统方法与现代方法的估算结果时，为了使它们有可比性，传统方法与现代方法在矿体圈定、主要估算参数的选择等方面均应大体一致。地质勘查报告中一般最终以现代方法的估算结果为准。

3.5 本章小结

本章对红土镍矿勘查方法和资源估算方法进行了系统介绍，其中红土镍矿勘查方法依据多项国外红土镍矿勘查项目经验进行总结，对红土镍矿的现场勘查工作具有指导意义。

第4章　红土镍矿资源项目评价

资源项目评价工作的目的是通过收集和研究项目的有关地质资料，从地质专业的角度研究判断项目已有地质工作是否合理，从而判别资源是否可靠，资源分类、资源估算是否合理，结合下游工艺技术条件并对比类似矿床，对项目地质资源整体的品质情况做出初步的判断，最终得出相对客观公正的评价结论。

4.1　红土镍矿资源评价要点

4.1.1　红土镍矿资源项目分类

红土镍矿资源项目宜根据勘探程度和矿区基础设施建设情况分为两类：风险勘查项目和开发利用项目。矿区勘探程度未达到详查程度、没有办理采矿许可证、没有矿山基础设施建设的资源项目统一划分为风险勘查项目，其又可进一步划分为绿地项目、预查项目、普查项目三类，风险勘查项目关键基础资料情况见表4-1。矿区勘探程度达到了详查程度、办理了采矿许可证，或矿区勘探程度达到了普查程度，局部区段勘探程度达到了详查程度，办理了采矿许可证，具备矿区的码头、主运输道路、办公室、职工宿舍等基础设施的资源项目统一划分为开发利用项目。

表 4-1　风险勘查项目关键基础资料情况

	项目分类	绿地项目	预查项目	普查项目
项目资料类别	项目公司合法性文件	政府颁发的探矿权或采矿权准证	政府颁发的探矿权或采矿权准证	政府颁发的探矿权或采矿权准证
		证明矿区范围不在国家法律、政策规定禁止开采的区域的证明文件	证明矿区范围不在国家法律、政策规定禁止开采的区域的证明文件	证明矿区范围不在国家法律、政策规定禁止开采的区域的证明文件
	项目勘查资料	地形地质图(1：50000)	1. 地形地质图(1：50000~1：25000)。2. 预查地质报告。3. 采样工程分布图。4. 样品化验分析报告	1. 地形地质图(1：25000～1：10000)。2. 普查地质报告或资源/储量估算报告。3. 勘查工程分布图。4. 勘查工程地质资料数据库

4.1.2　资源评价阶段划分

资源项目评价宜划分为初步评价和最终评价两个阶段。

资源项目初步评价阶段是指以项目公司提供的基础资料、集团公司相关单位完成的项目考察报告为依据，开展项目资源评价的工作阶段。初步评价结论只作为项目合作商务谈判的依据，不作为项目投资决策的依据。

资源项目最终评价阶段是指由集团公司委托有合格资质的单位开展项目预可行性研究或可行性研究、项目资源尽职调查(资源核查)的工作阶段。项目最终评价结论是项目投资决策的依据。

随着工作的不断深入、评价经验的逐步积累，可以建立相对完善的矿产资源并购项目评价体系，在明确评价内容的基础上形成标准化、规范化流程，保证整体工作的有序开展。矿产资源并购项目评价流程主要分为四个阶段：初选阶段、评价阶段、尽职调查阶段和综合评价阶段。不同阶段对应不同的评价内容。

(1)初选阶段。

初选阶段主要确定并购战略、并购目标，利用网站信息、公开资料，说明合作方基本情况，评价合作方信誉、实力及合作意图，并依据结果判定下一步工作推进与否。

(2)评价阶段。

评价阶段以技术、环境、经济、风险评价为主，该评价阶段是通过技术手段明确并购项目的矿产资源开发利用水平，再结合外部环境条件、现有的采选冶工艺流程实施项目的经济性、风险性评价。

(3)尽职调查阶段。

评价阶段实施的工作主要依据收集的并购项目资料和现有工艺技术展开，由于矿产资源项目具有投资大、风险大等特点，在评价完成后需要进一步对评价阶段的关键问题及存疑问题实施尽职调查。尽职调查是企业收、并购程序中最重要的环节之一，也是企业规避风险的重要措施，调查过程中通常利用地质、采矿、财务、税务方面的专业经验与专家资源，形成独立观点，用以评价项目优劣，为管理层决策提供支持。

(4)综合评价阶段。

综合评价阶段是依据矿产资源并购项目评价结果，在项目基本可行的基础上实施以资源核查为核心的项目尽职调查，结合尽职调查及风险评估，对整体项目实行综合性评价后提交评价报告。

红土镍矿资源项目评价流程如图 4-1 所示。

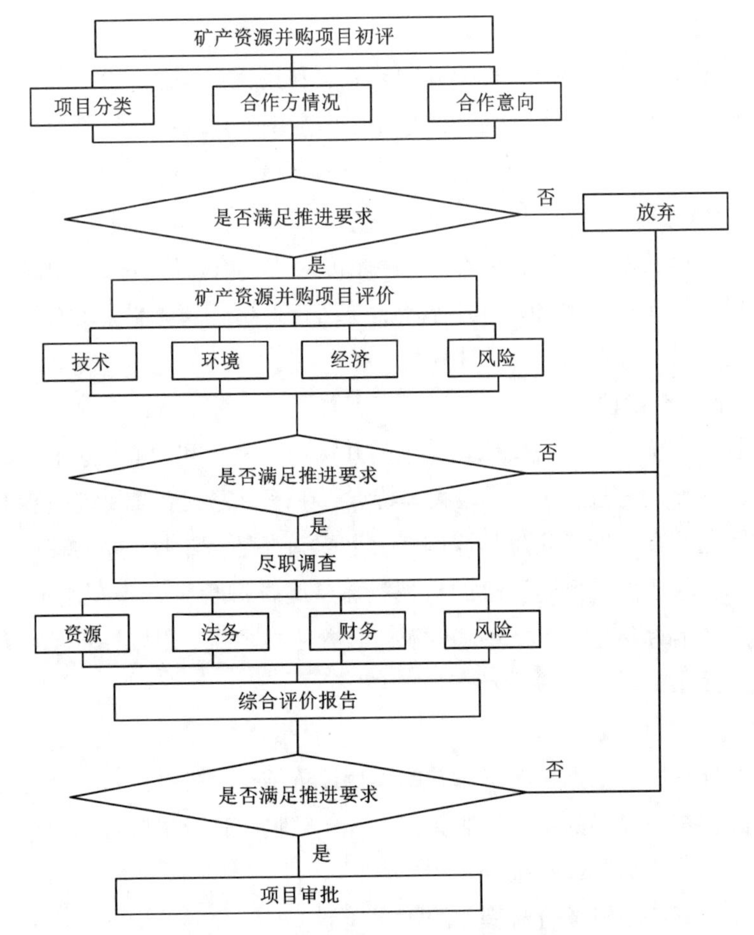

图 4-1　红土镍矿资源项目评价流程图

4.1.3　红土镍矿石类型

红土镍矿石中的矿物成分相对复杂，从一些研究资料和文献看，红土镍矿中的矿物成分主要有褐铁矿、赤铁矿、磁铁矿、蛇纹石、蒙脱石、石英、铬尖晶石，以及一些 Ni、Fe、Co、Mn 的氢氧化物等，但由于红土镍矿自身属于风化淋滤沉积矿床，风化条件的差异导致其风化产物存在较大不同，甚至同一矿床的不同地段，其矿物成分也存在很大差异，且红土风化层呈土状或泥状矿物集合体，以世界上目前的测试技术，还很难准确分析其矿物组成，多数仅是一个定性的分析结果。因此，红土镍矿石类型还主要依靠元素化学分析结果和冶金工艺处理方法来区分。

对红土镍矿石而言，其冶金工艺主要分为湿法冶金工艺和火法冶金工艺两类，但两种工艺处理的红土镍矿石是有很大区别的，湿法冶金工艺适合处理褐铁矿层的矿石，也称为氧化物型矿石，这种矿石位于红土层上部，铁含量高、镍含量低，硅、镁含量较低，钴含量较高。火法冶金工艺适合处理腐泥土层的矿石，也称为硅酸盐型矿石，这种矿石位于红土层下部，硅、镁含量较高，铁、钴含量较低，但镍含量较高。

因此，本书按冶金工艺的特点，将红土镍矿石划分为氧化物型和硅酸盐型两类。但我们必须认识到，对于红土镍矿床来说，其本质上有铁氧化物、含水镁硅酸盐、黏土硅酸盐三类矿石，在资源估算和矿体圈定中需要区分对待，这点对红土镍矿评价工作很重要。

4.1.4 褐铁矿层和腐泥土层分层界限

残余红土带(褐铁矿层)与腐岩带(腐泥土层)的分界应该以铁品位来划分，铁品位大于或等于20%的划分为褐铁矿层，铁品位小于20%的划分为腐泥土层。腐岩带(腐泥土层)与基岩的边界一般根据岩石的风化程度和现场地质编录确定。

4.1.5 资料整理及分析工作

目前，金川镍钴研究设计院有限责任公司研究的红土镍矿项目主要来自国外红土镍矿重要分布区域，如印度尼西亚、菲律宾、古巴、新喀里多尼亚等国家的红土镍矿项目，因此，所获得的资料基本为外文资料，而且多数资料是英文夹杂当地语言的资料，资料的整理和分析、研读理解工作的难度非常大，因此如何简单高效获取评价所需信息对做好地质评价工作至关重要。从地质专业角度讲，最主要是了解以下几个方面的资料：

(1)项目地理位置及自然地理概况、矿权信息等。

(2)项目地质概况：包括区域地质概况、矿床地质概况等。

(3)项目地质勘探情况：包括项目各个时期的地质勘探活动信息。

(4)项目资源量估算结果：包括采用的矿石类别、资源量分类标准、边界品位等信息。

笔者对目前所接触到一部分相对正规的红土镍矿项目资料进行了概略归纳和总结，认为对红土镍矿项目资料整理和研读分析工作主要应按如下要求执行：

(1)先对资料依据内容按整体和专业分类，并对有关地质专业资料进行重点研究。由于国外红土镍矿项目一般没有专业的地质勘探报告，提供的有效地质专业图件也较少，为了获得更多的地质信息，需对有关项目概况介绍的资料和资源估算报告资料进行详细研究和分析。

(2)对相关专业资料依据目录概况进行概略性翻阅，进一步完善地质方面的研究资料，如一般在项目推荐资料或采矿专业资料中有部分地质图件和资源储量等信息。

(3)依据项目地理信息，在网络上搜索有关自然地理、区域地质等信息，与资料中信息做对比并补充完善。

(4)评价报告中，对整理的有关项目资料的叙述要简明扼要、条理清楚、逻辑关系准确，要如实客观地介绍清楚资料中反映出来的与项目有关的地质信息和内容。

4.2 红土镍矿资源评价体系

对于世界各地的红土镍矿项目而言，其矿床的特点、建设开发条件、开发利用方案等均有不同之处，地质专业评价不仅仅是评价与项目有关的地质信息是否准确可靠，同时也要依据下游专业，特别是冶金专业的情况，制定不同类型矿床的评价参数指标。

地质专业评价包含的内容相对较广且复杂，但总体上可分为 4 部分：资料评价、项目基础信息、地质勘探工作、矿产资源量估算，本书针对这 4 部分内容的评价工作提出了一些要求和注意的要点。图 4-2 为红土镍矿资源评价体系图。

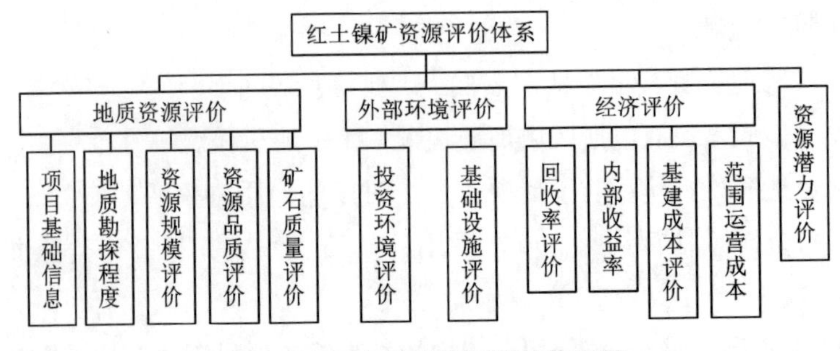

图 4-2　红土镍矿资源评价体系图

4.2.1 评价原则

矿产资源资产评价原则是调节评价主体与资产业务有关权益各方在资产评价中的相互关系、规范评估行为和业务的基本准则。除应遵守一般资产评价中的客观性原则、公正性原则外，还应遵循如下原则。

1. 目的性与系统性相结合

不同的生产部门和生产布局对矿产资源的要求不同，而不同的矿产资源对生产的意义和作用亦不相同。因此，要从经济发展方向和生产布局的要求出发进行评价。在筛选确定每一个单项评价内容时，需要考虑该内容在整个评价体系中的地位和作用，根据其所反映的特定研究主体和研究对象的性质和特征，确定评价的口径、范围和含义。同时，要注意评价体系内部的逻辑关系，不要对评价内容进行杂乱无章的罗列，而应从研究对象的多个层面、多个角度全面考虑，从而综合全面地反映矿产资源开发整合之间的关系和内在规律。

2. 全面性和重点性相结合

全面综合分析，突出主导因素：既看到有利方面，又评价不利方面；既考虑经济效益，又兼顾社会效益和生态效益；既对矿产资源的单要素进行评价，又在此基础上根据各类工序相互间的联系和影响、时空分布与组合特点进行多因素综合评价，从中找出影响特定的生产部门和地区经济发展与布局的主导因素，并进行重点评价。

3. 普遍性与特殊性相结合

实施矿产资源并购项目评价，既要考虑一般项目的收并购评价指标，也要考虑具体项目的特殊评价指标，从经济发展方向和具体生产部门布局的实际要求出发，做到有的放矢，避免一般化；实现评价项目的普遍性和特殊性相结合，保证评价工作的全面性。

4. 当前绩效与长远发展相结合

无论是评价指标，还是评价方法，都应该既能对当前的矿产资源开发利用进行客观评价，又能对矿产资源开发利用的未来发展产生推动作用。

5. 定量评价与定性评价相结合

定性评价是定量评价的前提和基础，进行矿产资源并购项目评价要采取定性和定量相结合的方式，定性评价的目的是确定矿产资源并购项目的性质、特点及各种因素之间的相关性，在此基础上设置变量、建立模型、处理数据，进行定量分析。通过定性与定量相结合的评价方法才能科学合理地评价矿产资源并购项目当前和预期业绩。

6. 技术评价与经济评价相结合

矿产资源并购项目必须在技术可行性的基础上论证项目经济性。社会生产力发展水平、矿产资源本身的质量和经济地理条件、国家政策等，往往是影响开发利用可行性和经济性的因素。

7. 利益最大化和环境协调发展相结合

利益最大化或追求最大效益是市场经济的基本原则。对于不同的资产所有者来说，由于管理方式的不同、采选技术不同、有效利用程度不同，实现的矿产资源资产的价值也就不同。评价时应以一定的技术管理水平、资产的最佳效用或收益为前提。同时，矿产资源资产开发总是处于一定的自然与社会环境中，其实施的过程必须与周围的环境相协调。

4.2.2 项目评价依据

矿产品交易随着经济全球化而发展为全球性的经济活动，矿产企业呈国际化的发展趋势。无论是初步评价还是最终评价，都需要遵循一定的国际准则。目前，国际认可的主要标准为澳大利亚 JORC 标准、加拿大 NI43-101 标准、加拿大 CIM 规范、南非 SAMREC 规范。

1. 澳大利亚 JORC 标准

JORC(joint ore reserves committee)标准由澳大利亚矿产理事会(MCA)、澳大利亚矿业冶金协会(AusIMM)、澳大利亚地质学家协会三家机构发起，由澳大利亚矿业委员会和澳大利亚财务委员会提供支持，同时被澳大利亚证券交易所(ASX)和新西兰证券交易所(NZX)采用，该标准于 1989 年出台了第一个版本后，分别于1999年、2004年和2012年不断修订更新并推出了新的版本，是已被世界上绝大多数矿业公司使用的规范，也是澳大利亚发布勘查结果、矿产资源和矿石储量的最低准则、建议和指南的参考规范。

近几年，JORC标准的不断修订改进也使得其与国际化特征相匹配，最新JORC标准的改动使得矿业公司无法选出对自己有利的最佳信息，不会避重就轻而误导投资者，而报告的标准化改动使投资者容易比较不同公司之间的结果或储量报表。其中，“if not，why not”使公司需对自己未发表的信息做出合理的解释，使报告具有透明性和公开性特点。JORC标准也要求着重披露能影响公司证券价格的信息，如矿化作用类型等。

JORC标准也涉及独立资格人（competent person，CP），独立资格人需经行业协会批准和认可，受到澳大利亚证券交易所和行业协会双重监督。只有独立资格人签字的矿物资源量、矿石储量等报告才会被澳大利亚证券交易所认可。

2. 加拿大NI43-101标准

NI43-101标准，即加拿大矿产项目披露标准（national instrument 43-101 standards of disclosure for mineral projects），是由加拿大采矿、冶金和石油协会（CIM）于1996年采用与JORC标准相同的定义和分类，并由加拿大证券委员会（CSA）于1998年以国家法律文件（national instrument 43-101）形式予以公布，于2001年2月正式生效的国家行政法规，其明确规定了评估人员的资质、权利、义务，以及信息披露方的权利、义务及技术报告的形式、内容、矿产资源储量的定义。

3. 加拿大CIM规范

加拿大采矿、冶金与石油学会（CIM）于1996年9月发布的《资源与储量分类：类别、定义和指南》，是由CIM储量定义特设委员会编写，目前在加拿大被广泛用于对资源和储量进行分类的参照标准和体系。自该规范发表以来，国际采矿与冶金学会理事会（CMMI）发起和召开了几次会议，以求制定一套与澳大利亚、加拿大、英国、南非和美国所用的相类似的资源储量分类定义体系。

4. 南非SAMREC规范

NI43-101标准在很大程度上影响了美国和南美洲，JORC标准则更大程度上影响了非洲、欧洲和亚洲。SAMREC规范在相当程度上基于JORC标准的理念进行了更新，2000年3月，南非整个矿业和法律机构都采用了南非报告矿产资源和矿产储量新规范，即SAMREC规范。在南非的矿业公司和在约翰内斯堡股票交易所上市的公司必须遵守SAMREC规范。该规范包括国际CMMI规范对矿产资源和矿产储量的定义。与其他国家的规范一样，南非的规范也有一些特殊的要求，例如对南非称职人员认定的条件。SAMREC规范主要框架性内容除保留JORC标准的整体结构外，还增加了部分关键性专业术语的解释，以有效减少应用过程中的歧义性理解；NI43-101标准是定位在法律层面的，而JORC标准则定位在技术层面，SAMREC规范整体上仍然立足于技术性规范，但与JORC标准相比，增加了部分法律层面的内容，SAMREC规范允许对引用其他独立资格人(CP)的成果予以免责，免责程度与JORC标准中的要求大体一致。目前，NI43-101标准不允许这一程度的免责，在实际执行过程中，资源量级别是有精度要求的，考虑到资源量的不确定性特点，资源量的精度要求一直没有在相应技术规范中明确，SAMREC规范首次在这方面进行了尝试，巧妙地定义了资源量级别的精度要求。

5. 国内评价标准

国内最重要的评价标准是基于自然资源部管理的两大领域——土地和矿产资源领域，形成的标准体系框架，该框架可分为横向结构和纵向结构，横向结构分为土地资源、国土资源信息化和地质矿产三个子体系，反映标准体系覆盖的范围；由于土地资源、国土资源信息化和地质矿产三个子体系的构成中既包含技术标准，又包含管理标准，纵向结构子体系有的是按照专业划分，有的是按照业务工作领域划分，反映了标准之间的层次关系。

4.2.3 地质资源评价

地质资源评价主要是对资料体系、勘查程度、资源储量、资源品质、矿石质量等进行评价。地质资源评价中，地质条件的优劣直接关系矿产资源勘探开发工作的进行，同时复杂或极端地质环境的开采风险更大，如在高寒、高海拔地区采矿时，缺氧会造成设备、车辆的动力衰减、运输困难；在地下水丰富地区如地下暗河或溶洞条件下作业时也会加大项目的开发成本。高成本会使项目的利润空间变小甚至无利可图。因此，地质资源的赋存条件也是地质资源评价考虑的风险因素。同时，资源储量及品位的高低是事关矿产资源并购开发成败的关键因素，在项目开采技术和资源品位、开发和销售等基本确定的条件下，可初步估算出项目的盈利情况，但资源具有赋存隐蔽、成分复杂多变的特点，这使不同国家和地区的资源品位相差很大，从而加大了投资的风险。因此在地质资源评价过程中，需要对地质条件、资源储量品位的可靠性进行评价，以降低并购活动的风险。

地质资源评价是矿产资源评价的基础，矿产资源评价是核实资源量的核心，尽职调查是对资源可靠程度的进一步验证。需要三者相互配合以评价地质资源的可靠性。

针对具体的评价项目，应依据国家《固体矿产资源储量分类》《固体矿产地质勘查规范总则》等相关地质资源勘查规范，研究矿产资源项目遵循的资源/储量划分标准，如澳大利亚JORC标准、加拿大CIM规范和南非SAMREC规范等，以矿产资源项目地质报告、基础数据、基本图件为研究基础，分析矿床类型、成矿条件、矿体圈连、资源量估算方法及结果、资源级别划分等主要反映地质矿产资源情况的因素，形成从评价项目资料、资源量估算、地质勘探工作、资源量估算可靠程度到找矿前景、项目存在的地质风险等一整套地质资源评价内容。

4.2.3.1 资料评价

对项目基础资料的评价结论必须明确，表述为关键基础资料齐全或关键基础资料不齐全。对于关键基础资料不齐全的项目，项目评价人应直接否决，不开展项目评价的其他工作。

资料评价部分的内容主要包括对项目的自然地理位置、基础建设条件、矿权准证等信息的评价，评价的侧重点如下：

（1）自然地理位置是否在红土镍矿成矿的热带气候区，是否位于区域成矿带上，初步判断矿床的类型为“湿型”或“干型”。

（2）基础建设条件重点关注水、电和交通条件是否具备。这里需要指出，对于印度尼西亚红土镍矿项目，交通条件关注的重点应是项目区与海岸线（码头）或冶炼厂的距离，因为印度尼西亚内陆交通基础设施差，交通运输主要靠海运，离码头较远的项目其矿石运输成本会显著提高。

（3）对于项目矿权证等信息，主要需注意探矿权或采矿权证的有效期限、年检情况和项目是否处在所在国家法律、政策规定禁止开采的区域，核实矿权范围与勘探工程的位置关系，特别是对资源量估算有影响的钻探工程是否均在矿权范围内。对于印度尼西亚红土镍矿项目而言，一般需要两证齐全，即IUP证和CNC证。

4.2.3.2 勘查程度评价

红土镍矿床一般具有面型分布、埋藏浅的特点，且其成矿与地形地貌有直接关系，因此其地质勘查工作相对简单。和其他矿床类似，红土镍矿地质找矿所采用的地质工作手段主要有地质填图、航空磁测、化探次生晕、浅井、钻探等。国内地质规范将地质勘查工作划分为 4 个阶段：预查阶段、普查阶段、详查阶段和勘探阶段。国外虽没有这样详细的划分，但对于一个有开发价值的矿床来讲，最终也基本经历了类似该 4 个阶段的地质勘查过程，红土镍矿床也不例外。

勘查程度评价工作的侧重点为：

(1)地质工作手段应用是否规范合理；

(2)可能成矿区域的勘查程度；

(3)大部分成矿区域勘探施工达到的网度如何；

(4)是否有钻孔数据库资料，是否进行了资源量估算工作。

为了统一和规范评价工作，本书对这一部分内容制订了一个简要的评价标准，以达到用国内规范所规定的标准来衡量红土镍矿地质勘探程度的目的，具体见表 4-2。

表 4-2　红土镍矿床地质工作简要评价标准

工作方法	勘探施工网度	勘查程度	地质资料	相当于国内规范
以区域地质填图和物化探测试为主	基本未形成系统的网度	成矿区域无钻探施工，或仅施工了少量勘探工程，勘查程度低	无钻孔数据库资料，仅有少量地质图件	预查阶段
以浅井和少量地质钻探为主	大部分在 100 m×100 m 或 200 m×200 m 以内	成矿区域施工了一定量钻探工程，勘查程度较低	有钻孔数据库资料，但资料数据量有限，有部分地质图件	普查阶段
以地质钻探为主	大部分在 50 m×50 m 或 100 m×100 m 以内	大部分成矿区域施工了钻探工程，勘查程度较高	钻孔数据库资料齐全，有地质地形图、钻孔分布图等	详查阶段

续表4-2

工作方法	勘探施工网度	勘查程度	地质资料	相当于国内规范
以地质钻探为主	大部分在25 m×25 m以内	成矿区域均施工了钻探工程，勘查程度高	钻孔数据库资料齐全，有地质地形图、钻孔分布图等	勘探阶段

评价要求：

(1)项目资源勘查程度评价要求检查评价矿床红土风化壳有效区块(矿体)的控制精确度(地形图比例尺)、工程网度、样品比重(包括水分含量、湿比重、干比重)等要素，综合评价矿床的勘查程度。

(2)项目资源勘查程度评价必须结论明确，只能是预查阶段、普查阶段、详查阶段、勘探阶段中的一类。

(3)矿床勘查程度必须首先按区块(矿体)分别进行评价，然后对矿床整体进行评价。

(4)如果矿床区块(矿体)的勘探施工网度是两种以上(含两种)的，应分别计算不同勘探施工网度的勘探面积占区块(矿体)面积的百分比，把百分比大于60%的勘探施工网度对应的勘查程度作为该区块(矿体)的勘查程度评价结论。

(5)如果矿床各区块(矿体)的勘查程度不同，应分类统计、分别计算各类勘查程度的区块(矿体)面积占矿床区块(矿体)总面积的百分比，把百分比大于60%的区块勘查程度作为该矿床的勘查程度评价结论。

(6)绿地项目不作勘查程度的评价。

4.2.3.3 资源规模评价

红土镍矿资源规模划分标准见表4-3。

表4-3　红土镍矿资源规模划分标准

类型	描述
特大型	资源量湿重>1亿t或镍金属量大于>100万t
大型	5000万t<资源量湿重<1亿t或50万t<镍金属量<100万t
中型	1000万t<资源量湿重<5000万t或10万t<镍金属量<50万t
小型	资源量湿重<1000万t或镍金属量<10万t

评价结论必须是特大型、大型、中型、小型中的一类。褐铁矿层以镍边界品位 1.2%估算的总资源量(湿重)或含镍金属量为基础进行评价，腐泥土层以镍边界品位 1.6%估算的资源总量(湿重)或含镍金属量为基础进行评价。

4.2.3.4 资源品质/可利用性评价

评价要求：必须分层分别进行评价。

(1)褐铁矿层资源，以镍边界品位 1.2%估算的总资源量 Ni 平均品位来评价，标准如下：

资源品质优良：Ni 平均品位大于 1.5%；

资源品质一般：Ni 平均品位为 1.4%~1.5%；

资源品质差：Ni 平均品位小于 1.4%。

(2)腐泥土层资源，以表 4-4 所列要求进行评价。

表 4-4　红土镍矿资源项目腐泥土层资源可利用性评价要求

<table>
<tr><th>评价因素</th><th colspan="3">评价值/打分值</th><th>评价结论</th></tr>
<tr><td rowspan="2">镍边界品位 1.6%的总资源量(湿重)与镍边界品位 1.0%的总资源量(湿重)比值(Z)</td><td>$Z>0.2$</td><td>$0.1<Z<0.2$</td><td>$Z<0.1$</td><td rowspan="10">1. 资源品质优良：五种评价因素的打分汇总值大于或等于 80。
2. 资源品质一般：五种评价因素的打分汇总值为 60~79。
3. 资源品质差：五种评价因素的打分汇总值小于 60</td></tr>
<tr><td>30</td><td>20</td><td>10</td></tr>
<tr><td rowspan="2">镍边界品位 1.6%的总资源量镍平均品位(P)</td><td>$P>2.0$</td><td>$1.8<P<2.0$</td><td>$P<1.8$</td></tr>
<tr><td>30</td><td>20</td><td>10</td></tr>
<tr><td rowspan="2">红土层有效分布面积与超基性岩(橄榄岩)的分布面积的比值(M)</td><td>$M>0.4$</td><td>$0.2<M<0.4$</td><td>$M<0.2$</td></tr>
<tr><td>20</td><td>10</td><td>5</td></tr>
<tr><td rowspan="2">$w(Fe)/w(Ni)$</td><td>6.0~10.0</td><td><6.0</td><td>>10.0</td></tr>
<tr><td>10</td><td>6</td><td>3</td></tr>
<tr><td rowspan="2">$w(SiO_2)/w(MgO)$</td><td>1.6~1.8</td><td>>1.8</td><td><1.6</td></tr>
<tr><td>10</td><td>6</td><td>3</td></tr>
</table>

4.2.3.5 矿石质量评价

目前全球在利用红土镍矿资源过程中，逐步形成氨浸、酸浸(常压、加压)及直接火法冶炼镍铁三大工艺流程，而最佳工艺流程取决于矿石类型和矿石质量。不同的冶炼工艺对矿石质量有不同的要求，因此本书在此简单对红土镍矿石质量进行描述和概括。

红土镍矿石主要由铁氧化物和硅酸盐类矿物组成，化学分析结果显示，其主要组成元素有 Fe、Si、Mg、O、Al、Cr、Ni 等，Co 作为伴生有益元素在多数矿床中均存在，含量低，但也在少部分矿床中含量很低或没有，Cr 也存在同样情况。据有关资料，氧化物型和硅酸岩型矿石的主要成分及相应含量见表 4-5。

表 4-5　红土镍矿床不同类型矿石的主要成分及相应含量

	Ni	Co	Fe	MgO	SiO_2
氧化物型矿石/%	0.8~1.5	0.1~0.2	25~50	0.5~15	10~30
硅酸盐型矿石/%	1.5~3.0	<0.05	10~25	15~35	30~50

一般研究认为红土镍矿中的有用元素除了 Ni 之外，还有 Fe、Co、Cr，有害元素主要是 P 和 S。

有用元素的评价原则如下：

(1)镍：无论是褐铁矿型还是硅镁镍矿型红土镍矿，镍元素含量均是最重要的品质指标，如果其他元素含量相近，镍元素含量越高矿床品质越好。

(2)钴：红土镍矿中钴元素含量较低，一般在 0.2%以下，钴是合金与特殊钢的主要添加元素，能改善合金的物理、化学和机械性能。所以一般来说，红土镍矿中钴元素含量越高越好。但氨浸法处理工艺不适合处理钴元素含量高的红土镍矿。

(3)铁：不同工艺处理红土镍矿对铁元素含量的要求不一样。一般来说，镍元素含量一定的情况下，无论是褐铁矿型还是硅镁镍矿型红土镍矿，铁元素含量越高越好。

(4)铬：铬是生产不锈钢的主要原料，冶炼红土镍矿生产镍铁也主要用于不锈钢的生产。所以一般对红土镍矿来说，铬元素含量越高越好。

有害物质和元素的评价原则：

(1)红土镍矿中除以上有用元素外，含量较高的还有二氧化硅、氧化镁、氧化铝，这些物质在红土镍矿加工处理过程中，增加原材料消耗、增加成本，因此含量越低越好。

(2)磷：红土镍矿中磷元素含量较低。钢铁中磷元素含量过高，致使钢铁冷脆性增加，在加工红土镍矿过程中，磷元素不易除去，所以对红土镍矿来说，磷元素含量是非常重要的杂质指标，磷元素含量越低越好。

(3)硫：红土镍矿中硫元素含量较低，一般低于0.1%，硫在钢铁中可以引起钢的热脆性增加，且会降低机械性能，但在某些钢中加入适量硫能起到改善切削性、加工性能及磁性等作用。一般来说，红土镍矿硫元素含量越低越好。

这里需要指出的是，二氧化硅和氧化镁不是简单的越低越好，二者含量的比值对火法冶金工艺很重要，因此，进行资源估算时要对这两种物质含量进行估算，并计算出二氧化硅与氧化镁的含量之比。这一比值也可作为评价红土镍矿石质量的指标，一般认为该值大于1.6时会显著降低冶炼成本。

4.2.3.6 资源潜力评价

此项评价工作只针对风险勘探项目进行，主要评价成矿条件中的红土风化壳有效分布面积和地形条件。

(1)红土风化壳有效分布面积。

依据(但不限于)表4-6，以红土风化壳的有效分布面积为要素(但不限于红土风化层的有效分布区块面积这一个要素)对项目资源潜力进行评价，对项目资源潜力的评价要有明确结论。

表4-6 红土风化壳有效分布面积划分

类型	红土风化壳有效分布面积(Y)
超大型矿床潜力	$Y>2000$ ha
大型矿床潜力	500 ha$<Y<$2000 ha
中型矿床潜力	100 ha$<Y<$500 ha
小型矿床潜力	$Y<100$ ha

注：1 ha = 10^4 m^2。

(2)地形条件。

以矿权区内红土风化壳的有效分布面积与超基性岩分布面积的比值(M)来评价项目地形的复杂程度。

地形复杂：$M<0.2$；

地形中等：$0.2<M<0.4$；

地形简单：$M>0.4$。

地形条件越简单，成矿潜力越好。在无超基性岩分布面积资料时，以矿权范围面积代替。

4.2.4　外部环境评价

红土镍矿资源并购项目外部环境评价主要从投资环境评价、基础建设条件评价、自然环境评价、社区关系评价等方面进行。

4.2.4.1 投资环境评价

1. 政治标准

国家体制稳定性：在政府的基本制度框架范围内发生的政府的变动，关乎矿产政策的连贯性和延续性。国内冲突：在内乱以暴力方式出现的或“盗匪活动”猖獗的国家，野外勘探人员、能源输送线路常常是容易被捕捉的攻击目标，应尽量避免在安全得不到保障的地方进行投资。边境冲突：指存在两国爆发战争的明显紧张局势，显然对项目供给和产品销售造成了巨大威胁。

2. 税收标准

征税方法和赋税水平：潜在投资者应研究一个国家的税收结构，尽量避开比具有类似地质潜力的其他国家负有多得多的税收义务和不以利润为计征基础(如权利金、采据税、进出口税)的国家。预先确定赋税的能力：有的国家进行了税收立法并公布了统一适用于所有公司的税率，有的国家则根据项目谈判逐个确定某些或全部税率。免税期：免税期对投资是一个额外的吸引力，能否享受免税期对开采边际经济矿山的决策者可能产生决定性的差别。

3. 金融标准

现实的外汇规定和对外账户许可：在许多发展中国家或小国家，内部矿产品市场很小，很多矿山的大部分产量通常销往国外以换取硬通货。因此，矿业公司很少在货币不能在国际市场上自由兑换的国家投资。红利汇回的可能性：对多数矿业公司而言，汇回利润或至少汇回相当一部分利润是积极有意义的，应避免选择限制利润汇回或对这样的汇款课以重税的国家。筹集外部资金融资难度：在为项目筹资时，本地资金加入的可能性很大，本地资金数目不足时投资者必须转向国外融资，因此外部资金可否用于目标国投资是投资决策过程中的一个重要因素。另一个重要的外部资金来源是股票市场，股票市场通常被用于为较小的勘探和采矿项目筹资。如果计划投资是投向高风险国家，则融资难度大。

4. 法规标准

一部尽可能满足投资者要求、结构严谨的现代矿业法，应保障矿业公司对被授予的土地和矿产的处置权是独占、连贯而不受侵犯的。矿业法的实施必须具有一定的透明度，所有规章制度都应清晰明了，减少行政自由决定的可能性。例如比较常见的情况是一家公司拥有有冲突的矿权(claim)，而当地法规允许地方政府和国家政府各自声明是矿权所有者，这种错综复杂的情况十分不适合介入。地表、土地权：勘探和采矿都是土地利用的方式，二者必须在拥有土地所有权的条件下发生，否则会出大问题。所有权的转让权：实际上是项目退出机制中的一种，明确界定矿权转让规则且无过分限制的矿业法规应视为积极因素。争端解决和仲裁：在项目寿命期内，矿业公司很可能与政府产生争端，这时需要诉诸法律手段解决。程序效率和透明度：为简化规则和节省成本，考察目标投资国官僚作风、工作程序是否烦琐和是否腐败风行也十分重要。

5. 环境标准

环保法律要求通常包括环评、采矿污染减轻措施、缓冲带设置、矿山枯竭后的复垦、废弃区保持等。阐述明确、目的合理、代价较小的环保规定更具有吸引力。

4.2.4.2 基础建设条件评价

1. 供水条件

供水是项目评价的重要因素，如果项目实施后采矿或选矿阶段的水力供应跟不上，无疑会降低投资效果甚至阻碍项目推进。对矿区水资源资料(包括区域地表水，如河流、湖泊、地下水等水源的水质、水量及其与矿源地的距离等)进行初步分析，大致估计水资源对未来矿产资源开发利用的保证程度。

2. 供电条件

除少数企业自建电厂外，绝大部分矿产企业需利用已有供电网络供电。供电条件分析应包括现有供电电源条件(区域供电来源、供电可能性、输电情况、现有供电公用设施的可用性等)和供电潜力分析。对于采用酸浸工艺提取镍的红土镍矿项目而言，由于自建硫酸厂可以发电，还应该特别考虑这部分电力的盈余收入。

3. 交通运输条件

交通运输条件关乎“原料怎么运进来”“产品怎么送出去”的关键问题。利用现有区域运输条件是项目开发的首选，可选择开发公路运输、专用铁路运输等方式。一个具备良好交通运输条件的项目，其未来降低产品成本的优势可得到明显凸显。

4. 主要材料设备

主要对项目当地的地方建材及生产原辅材料供给情况、项目现场已有设施情况、供气管路、通信、设备维修、生活物资供应和劳动力等情况进行了解，以便将其作为下一步项目经济性评价的相关考虑因素。

4.2.4.3 自然环境评价

1. 地形地貌条件

了解项目地海拔高度、地形类别、地貌特征、植被分布等情况，评价以上情况对项目开发可能造成的影响。如对海拔高度大于5000 m的矿产资源，其矿山工作制度变化(主要相比低海拔项目年工作天数减少)及相关职工薪酬、原材料价格的上涨均会对项目的经济性产生重大影响，因此一般对海拔高度大于5000 m的项目开发暂不考虑。

2. 气象条件

了解项目地气候类型、年平均降雨量、年最大降雨量、小时最大降雨量、年平均温度、最高温度、最低温度、最大冻结深度、最大积雪深度、年平均日照时间、最大风速及风向、盛行风向、地震烈度等情况，评价以上情况对项目基础设施建设产生的影响。

3. 环保

目前，无论是发达国家还是发展中国家，在制定和完善矿业法的过程中，都非常注重对环境问题的考虑。在环境保护方面，从勘查、采矿、选矿、冶炼到闭坑复垦，都制定了有关的环境保护和管理规定。因此，在项目评价时必须对环保方面进行详细评价，以避免对项目的后期开发产生重大影响。评价的主要内容如下：

(1)了解、掌握当地的相关环境保护法律、法规，明确项目是否位于环境保护区内；

(2)如果项目位于环境保护区内，明确是否可以进行勘查、矿山开采，是否需要办理相关许可文件；

(3)明确当地对“三废”的排放要求。

4. 建筑及历史遗迹

在项目评价的过程中要注意项目地周边是否存在公路、铁路、历史遗迹等，并按照相关法律规定，评价以上建筑或遗迹等对项目开发所造成的影响。评价的主要内容如下：

(1)项目地周边如有主要交通线路，如高速公路、铁路等，当地的相关公路、铁路安全法对道路两旁可开采范围的限制是否对项目的资源储量产生影响；

(2)项目区内或附近如有历史遗迹、宗教建筑等，项目的勘查开发是否会对其造成影响；

(3)项目区内是否存在居民区，项目的开发是否会对居民区产生影响，是否需要对居民区进行拆迁。

4.2.4.4 社区关系评价

近年来随着矿业项目周边居民社区意识的觉醒，社区关系对矿业项目的影响越来越大，不谐之音或负面报道时有发生，多数企业对此意识淡薄。在境外矿业开发中，必须重点关注并正确处理社区关系，保障项目的顺利开发。矿业项目的开发及运营增加了周边居民直接就业机会和所在国的外汇储备，改善了当地基础设施条件，提高了当地居民的收入及生活、医疗、教育等水平；然而也不可避免地对环境产生一定的破坏及污染，外来文化的进入对当地文化产生冲击，项目的开发造成当地居民搬迁、失去土地等，都会影响社区居民的传统生活方式。作为项目的直接受影响者即社区居民对项目的态度，将决定项目能否顺利建设及运营。若不能处理好与社区的关系，项目将面临无法建设或建成后被迫停产甚至关闭的风险。因此，为了保障项目的顺利进行，项目公司必须处理好与项目最直接的利益方即周边社区居民的关系。

不论国内还是国外，矿业开发都会对当地社区环境产生影响，有利有弊。有利影响包括改善或增加当地基础设施条件，大幅提高并活跃当地经济，增加社区居民就业机会和收入，改善当地居民生活、教育、医疗水平。不利影响包括矿业开发过程对当地环境的污染和破坏，矿业设施的增加导致当地居民搬迁、失去耕地，改变社区居民以往的生活方式，以及外来文化对当地文化和居民宗教信仰的冲击等。

当地社区居民作为矿业开发的直接利益方，对矿业开发持有的态度或将直接决定矿业项目能否顺利开发运营。能否处理好矿业开发过程与当地社区的关系，也是对矿业开发企业的严峻考验。

因此，我们在评价过程要从利弊两方面去评价资源项目对当地社会、社区的影响。评价的主要内容包括：

(1)社区及附近基础设施；

(2)社区居民受教育程度、就业方向、收入及经济来源；

(3)社区居民生活、医疗水平；

(4)当地社区居民生活方式、宗教信仰及对外来文化的接受程度；

(5)资源开发对当地居民生活环境、用水、用电、道路交通等基本生活条件的影响；

(6)待开发项目区域内是否有居民需要搬迁及搬迁难度；

(7)待开发区域内是否存在耕地、牧区、林场等土地损失及引发的赔偿；

(8)当地社区对矿业开发的接受程度。

4.2.5　经济评价

项目经济评价工作是红土镍矿资源项目技术评价的重点，技术经济评价遵循“前后对比、有无对比”原则，对拟建项目有关的工程、技术、经济、社会等各方面情况进行深入细致的调查、研究、分析；对各种可能拟定的技术方案和建设方案进行认真的技术经济分析和比较论证；在此基础上，综合研究项目在技术上的先进性和适用性，以及经济上的合理性和可行性。由此得出该项目是否应该投资、如何投资或就此终止投资等结论性意见，为项目投资者和决策者提供可靠的科学决策依据。

1. 投资估算

项目的投资由工程直接费用、其他费用、工程预备费用、流动资金这四部分组成。工程直接费用由采矿工程、选矿工程、尾矿工程、冶炼工程、辅助生产工程、公用系统工程等工程的投资组成，通常根据工艺专业人员提供的工程量进行建设投资估算，设备价值估算采用厂家询价或类似项目设备估价。工程预备费用按照工程直接费用与其他费用之和的百分比计算。流动资金估算方法有分项详细费用估算法、经营成本资金率法、产值资金率法、流动资金定额估算法几种。

2. 技术经济评价流程

首先进行收入计算，项目收入由项目销售收入、项目营业外收入两部分组成。项目销售收入计算每个产品的销售收入并考虑各种税金；项目营业外收入计算除了主要产品的销售收入以外的其他收入及城市维护和教育附加费用。

其次是对项目发生的成本进行详细计算，主要包括人员工资福利、资产折旧摊销、外购原辅材料费用、外购燃料及动力费用等。

完成以上工作后，开始技术经济评价工作的计算分析。分析的内容包括财务评价汇总分析表、总成本费用估算表、营业收入、营业税金及附加和增值税估算表、财务计划现金流量表、利润与利润分配表等。根据这些计算结果评价项目的经济性。

3. 评价关键技术指标

(1)回收率。酸浸工艺的镍钴回收率一般为70%~90%，超过90%属于较高水平。普遍而言，高压浸出较常压浸出回收率高。还要注意到，在达到一定浸出时间后，回收率不会再随时间的延长而上升。因此考察回收率指标时还应注重浸出周期的分析。

(2)内部收益率。内部收益率(IRR)的定义为，项目的贴现年净现金流量的总和等于零时的贴现率，通常用来与公司的最低内部收益率(MIRR)进行比较。公司所用的最低内部收益率通常代表资本的机会成本，如果计算的内部收益率等于或超过公司的最低内部收益率，则认为已满足投资标准。一般项目预期内部收益率达到20%时被认为项目前景较好。考虑到矿业本身的高风险性，内部收益率为40%时较理想。

(3)基建成本。据2000年Brook Hunt对全球21个采用酸浸法的红土镍矿项目财务状况进行调查，17个高压酸浸项目的平均基建成本为5~7美元/千克，4个常压酸浸项目基建成本为3~4美元/千克。

(4)单位运营成本。对17个采用高压酸浸法的红土镍矿项目财务状况进行调查后发现，最低运营成本是1美元/千克(扣除钴后)。4个常压酸浸项目的运营成本为1~2美元/千克。

4.2.6 风险评价

红土镍矿资源评价中的风险主要为政治风险、法律风险、文化风险、市场风险、财务风险五类。

1. 政治风险

随着我国经济持续快速发展，在“走出去”发展战略指引下，中国企业境外投资的步伐明显加快。中国正逐渐成为世人瞩目的新兴直接投资来源国。但与此相伴且亟待关注的是，中国企业在境外遭遇的政治风险的频度和烈度也在大幅增高。在2011年发生的利比亚内战中，中资企业损失惨重，合同金额损失高达188亿美元，中国不得不从利比亚紧急撤侨3万余人。此前，类似的境外投资利益受损案例多次出现，因此，加强对政治风险的防范已成为当前中国境外直接投资企业刻不容缓的任务。中国企业境外投资面临的政治风险主要有：①内部政治风险。内部政治风险来自东道国内部，包括战争和动乱风险、征收风险、政治歧视风险、劳工权益风险。②外部政治风险。在经济全球化背景下，国际经济与政治因素相互交织，国际环境趋于复杂化，企业面临的外部政治风险也日益复杂，包括外交风险、第三国干预风险、国际经济风险。

2. 法律风险

由于资源国的矿业投资政策与我国的政策可能存在较大差异，我国企业在海外从事矿业投资时，可能会由于不熟悉资源国的各种政策而产生风险。投资者只有在健全的法律环境中，才能增加对矿产资源地质资源勘查的投资力度，因此法律条款也是影响投资风险的一个因素，国外矿产资源项目的法律风险主要是企业缺乏对国外法律体系的了解，在处理相关事务时往往采取中国式的理解方式看待境外问题，导致投资中的失误。因此国内企业到资源国投资时，必须研究并遵守其法律、法规，学习国际商务知识，注意投资国的法律问题，必要时要不惜重金聘请外国律师，以防投资失误。

3. 文化风险

文化风险指不同国家和地区在知识、信仰、艺术、法律、道德、风俗等各方面存在的巨大差异导致中资企业境外投资所面临的风险。这类风险对跨国企业生产经营会产生间接的、潜在的和广泛的影响，文化背景不同导致国际投资活动受挫的事例屡见不鲜。人们的价值取向不同，且不同文化背景的人会采取不同的行为方式，故在同一企业内部会产生文化摩擦，境外投资文化风险也随之产生。文化风险主要包含管理风险、沟通风险、宗教禁忌、风俗习惯风险、信息理解差异风险等。

4. 市场风险

海外矿业投资面临的最大风险之一就是国际矿产品价格的波动。近年来，随着国际大宗矿产品价格一路走低，根据矿产品高价格预期做出的矿业投资项目无法取得预期投资利润与回报，甚至前期投资也无法预期收回。国际市场中矿产资源的价格波动，导致矿产资源的市场价格存在一定程度的不确定性，使得矿产资源项目面临不可忽视的市场风险。

5. 财务风险

我国资产评估方法与国外资产评估方法存在差异，可能存在对被并购企业评估要素考虑不全导致对被并购企业资产高估的风险，不同的会计计量标准和资产评估方法，对被并购企业的价格及盈利能力所形成的结论往往存在较大差异。矿业公司海外投资的战略导向应更清晰、明确，对经济分析的认识应更充分、客观，资源分析与评价、财务分析与预算、资金准备与融资安排应更具竞争性、系统性、灵活性。

国内投资风险主要是由我国尚未形成较为成熟的矿产资源市场环境引起的，主要表现在四个方面：监管风险、人力风险、法律风险、市场风险。政府一直是矿产资源开发行业的引领者与所有者，政府部门既是重要投资者、管理者，也是仲裁者。

(1) 监管风险。

由于矿产资源的开发与地质勘查工作能够产生丰厚的经济效益，因此，矿产资源地质勘查企业均须建立一支专门负责找矿的团队。然而，队伍可能存在盲目找矿的问题，队伍成员尚未建立专业化矿产资源知识结构，导致矿产资源地质勘查工作面临监管风险。除此之外，现代化市场经济机制的完善，使得矿产资源的市场价格与实际需求量之间出现不同于传统经济时期的变化，这是因为在各个经济体制中，矿产资源的勘查、开发等将承担不同级别的风险与经济责任。与此同时，若矿产资源地质勘查单位无健全的监管机制，则会直接影响本单位获取经济效益的能力。因此，为了规避监管机制不完善引发的监管风险，矿产资源开发企业应在日常运行过程中，加大重视建立、健全监管机制的力度，从而全方位掌握监管方面的矿产资源地质勘查风险。

(2)人力风险。

矿产资源项目开发过程中的岗位员工不仅需要有专业知识和设备操作技能，同时应具备良好的身体素质和心理素质。目前，我国的矿产资源开发人员素质参差不齐，知识水平和实践能力相对国外企业较低，因此，矿产资源开发项目存在人力风险。

(3)法律风险。

近年来，由于我国一度缺失与矿产资源地质勘查领域相关的法律规定，矿产投资的比例逐年下降。除此之外，由于矿产资源的政策执行情况欠佳，矿产资源开发项目的发展前景并不完好，因此，矿产资源地质勘查工作面临法律风险。

(4)市场风险。

由于社会主义市场经济体制中的价格存在长期波动与短期波动两种情况，矿产资源的市场价格存在一定程度的不确定性，因此矿产资源地质勘查工作还面临不可忽视的市场风险。

4.3　本章小结

本章在明确红土镍矿评价要点的基础上建立了适宜的矿产资源评价体系，并对评价体系中的指标进行了说明。

第5章　红土镍矿采矿技术

目前，世界上的镍矿以硫化镍矿和红土镍矿为主，其中红土镍矿占世界总储量的70%以上，而我国的镍矿主要为硫化镍矿。近年来，随着硫化镍矿的可开采资源逐渐减少，红土镍矿作为替代资源越来越受到重视。本章主要从红土镍矿的生产工艺、生产设备、矿石运输、排水和防洪、原矿处理、配矿混匀等方面做详细介绍。

5.1　生产工艺

红土镍矿是岩石强烈风化形成的残积矿石，呈层状分布，埋藏浅，通常选择露天开采。矿体的开采过程共分为地表清理、剥离、采矿和复垦4个阶段。

基于矿体的赋存条件及矿岩的物理力学性质，原地堆积的红土型矿床回采工艺简单，开采无需穿爆工序，可直接采用机械设备开采。地表植被清理后，利用推土机剥离表土，然后采用液压挖掘机铲装矿岩，自卸卡车运输矿石。个别薄矿体先通过推土机集矿后再进行铲装。图5-1为采矿示意图。

红土镍矿多为露天开采、堆放，作业设备简单，通常用推土机清理和剥离表皮土，采矿的同时化验矿物成分并按照化验结果开采、堆放矿物，矿物通过传送带被装上驳船，然后在锚地转运到散货船上。

红土镍矿普遍含水量为30%~35%，黏性非常大，直接影响红土镍矿的输送，也会影响后续的配料及烧结矿的质量。历史上曾发生过多起包括镍矿在内的货物流态化导致船毁人亡的严重事故。

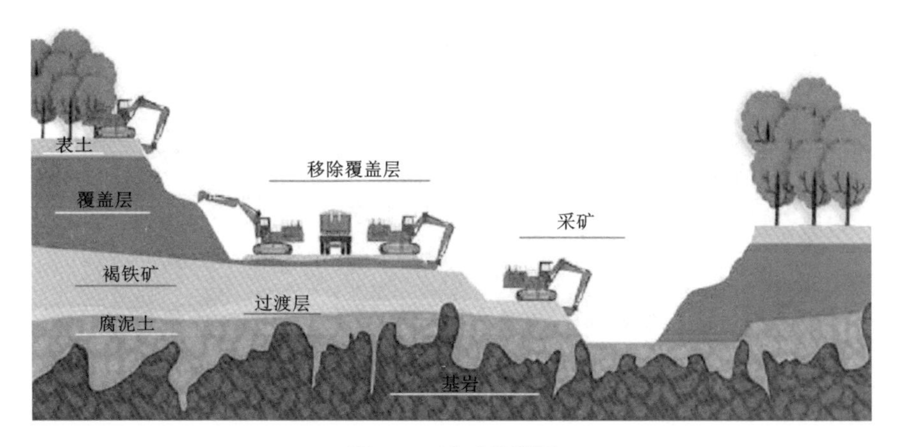

图 5-1　采矿示意图

5.1.1　地表清理及剥离

(1) 地表清理。

红土镍矿矿区植被通常比较茂密，如图 5-2 和图 5-3 所示。在红土镍矿开采前，首先要进行地表清理工作。地表清理工作应尽量在旱季进行，以降低雨水侵蚀对土地的影响。植被不得用火烧的方式进行处理，对树干直径较粗的树木须进行砍伐，对于树干较细的树木直接用推土机或者挖掘机连同植被一起剥离，然后装车运走，将树枝及灌木通过粉碎机粉碎并单独堆放到指定区域，待后期复垦使用。

图 5-2　古巴某红土镍矿生产现场

图 5-3 印度尼西亚某红土镍矿生产现场

(2)覆盖层剥离。

地表清理完毕后，利用推土机将矿体上部覆盖层推到一定区域，推土机的推送距离以不超过 100 m 为宜，窄小、边缘区域也可直接采用挖掘机挖掘，然后通过自卸卡车运输到表土堆场。在生产初期，地表剥离物需要暂时堆存，并需采取合理措施加以保护，防止被雨水冲刷。在采矿工作开始后，需将植被碎片、植物根系和剥离的覆盖层重新运往空区，进行复垦。

覆盖层剥离过程为：

①根据红土镍矿的赋存条件，确定剥离区域。对于连续性较好的矿体，上部覆盖层整体剥离；对于连续性差的矿体，上部覆盖层单体剥离，周边无矿区域不需剥离。同时需要考虑单个矿体的赋存条件及矿体厚度，埋藏过深的小矿体留待后期考虑，暂不剥离。

②根据矿体上部覆盖层厚度，选择合适的剥离方式。当覆盖层厚度小于 5 m 时，采用推土机把上部的红土覆盖层推到临近采空区进行堆积，再由挖掘机装车运至临时排土场或采空区，下部的覆盖层利用一个台阶开采完毕，采用液压挖掘机铲装至卡车，并运输至排土场或采空区；当覆盖层厚度大于 5 m 时，上部的表土层采用与厚度小于 5 m 相同的推排方式，下部的覆盖层以 5 m 为一个台阶高度，分台阶剥离，采用液压挖掘机铲装至卡车，并运输至临时排土场或采空区。由于矿体顶板与覆盖层接触面不平整，剥离环节要注意矿体顶板清理工作，尽可能降低贫化率。

5.1.2 采矿

覆盖层剥离结束后，即可进行红土镍矿的开采工作。红土镍矿石主要为富含高水分的黏土，矿质松散，不需要凿岩、爆破，大部分矿石可直接利用挖掘机铲装，个别较薄的残留矿层可通过反向铲挖掘后集中铲装。具体的采矿过程如下：

(1)确定工艺参数。

红土镍矿开采具体工艺参数应根据矿体赋存条件、采矿设备型号和外部开采条件等因素综合考虑，工艺参数应与采矿工艺、采矿设备相匹配，常见的露天开采境界工艺参数见表 5-1，露天开采境界示意图如图 5-4 所示。

表 5-1 露天开采境界工艺参数表

工艺参数	范围
阶段高度	3~5 m
阶段工作坡面角	65°~70°
剥岩工作平台宽度	10~30 m
采剥工作线长度	100~150 m
运输平台宽度	8~15 m

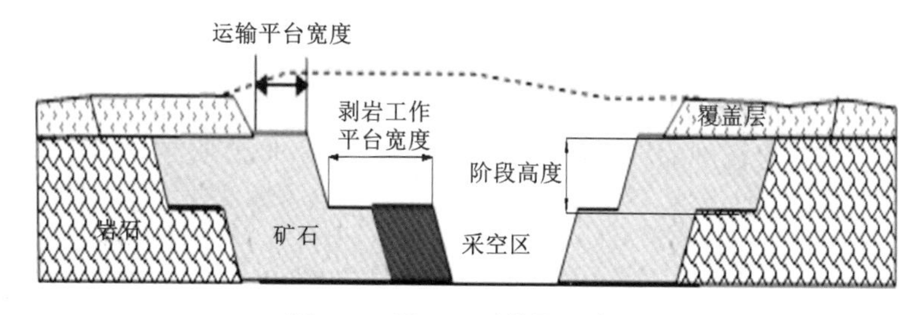

图 5-4 露天开采境界示意图

(2)布置采场。

采矿单元布置：根据矿体赋存条件和开拓运输系统布置情况划分采场，赋存条件较好、连续性好的矿体可布置较大的采矿单元(如 250 m×250 m)；对于连续性较差的单个矿体，则需要考虑矿体的赋存条件及矿体厚度，根据实际赋存面积布置采矿单元；埋藏过深的小矿体可待后期考虑。采矿单元划分如图 5-5 所示。

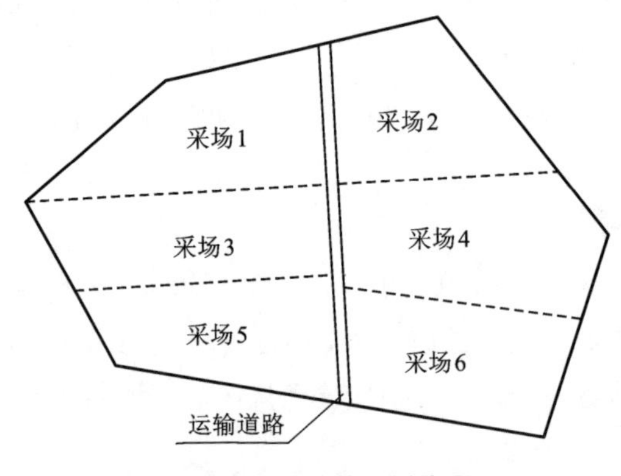

图 5-5　采矿单元划分图

工作平台布置：为了降低采矿损失率，当矿层倾角小于 10°时，采矿工作平台可沿矿层方向布置；当矿层倾角大于 10°时，如果继续沿矿层方向布置采矿工作平台，则设备倾斜角度过大，存在安全隐患，因此采矿工作平台应水平布置。

台阶布置：生产中根据现场实际情况选择单一台阶或组合台阶开采。当矿体厚度小于 5 m 时，可采用单一台阶开采，液压挖掘机开采至矿体底板，将矿石铲装至卡车，并运输到破碎站或矿石堆场；当矿体厚度大于 5 m 时，采用组合台阶开采，用液压挖掘机将矿石铲装至卡车，并运输到破碎站或矿石堆场。

(3) 回采。

红土镍矿露天开采是从地表开始逐层向下进行的，每一水平分层称为一个台阶，随着开采的进行，采场不断向下延伸和向外扩展。露天回采流程如图 5-6 所示。

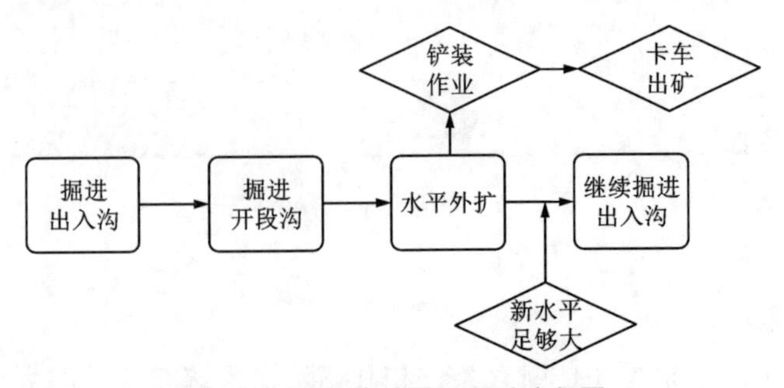

图 5-6　红土镍矿露天回采流程图

首先利用挖掘机掘进出入沟，建立上、下两个台阶水平的运输联系。然后自出入沟末端掘进开段沟，建立开采平台的初始工作线，开段沟掘进到一定长度后，在继续掘沟的同时，开始扩帮作业，以扇形工作面形式向外推进。由于红土镍矿厚度通常小于10 m，单个台阶高度为3~5 m，因此红土镍矿露天开采的台阶数较少(1~2个)。红土镍矿露天回采出入沟及开段沟掘进过程如图5-7所示，扩帮作业如图5-8所示。

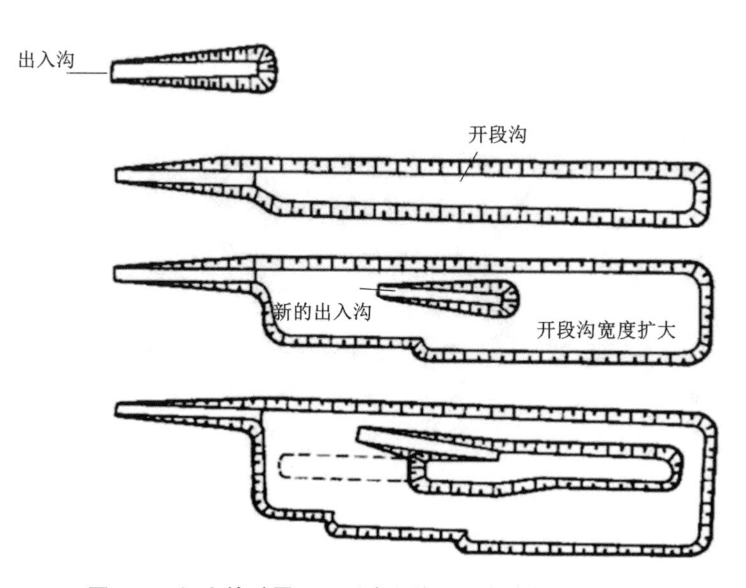

图5-7　红土镍矿露天回采出入沟及开段沟掘进过程

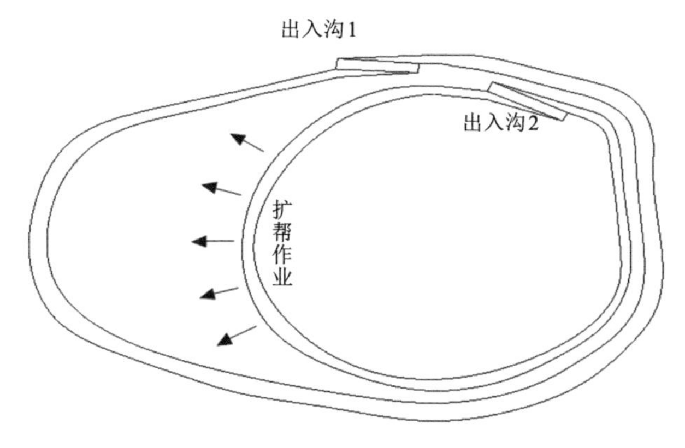

图5-8　红土镍矿扩帮作业示意图(2个台阶)

由于红土镍矿不同出矿点的矿石品位变化较大，为降低出矿品位的波动，可有多个出矿点同时出矿。红土镍矿床开采要遵循由远及近，先两边、后中间，先低点、后高点，先软基、后硬基的开采顺序。采剥作业区域呈条带状布置，为各相邻矿块间的上下、左右保留足够的安全距离和必要的工作平台宽度，为后续开采创造条件。现场铲装作业如图 5-9 所示。

图 5-9　现场铲装作业

(4)采场牙石处理。

牙石为靠近基岩的风化不完全的柱状突起岩石，根部与基岩连接为一体，也是红土镍矿、铝土矿等土质矿床特有的现象。由于牙石之间往往有高品位矿石，这部分矿石回收必须采用特殊设备才能实现，同时需要将牙石铲平，这样一方面便于采矿，另一方面可为下一步复垦做准备。牙石处理有两种方法：一是利用液压破碎锤直接破碎，需要配备小型液压挖掘机和破碎锤，此方法较简单、适用，但是规模较大的牙石采用液压挖掘机和破碎锤处理成本较高；二是凿岩爆破方法，利用手持式浅孔凿岩机穿孔，再装药爆破，此方法环节多，施工周期长，有可能影响采矿作业，存在一定的安全问题，但处理大规模牙石效率高、成本低。

现场应根据实际情况选择合理的处理方法，如果揭露牙石规模不是很大，则建议采用液压挖掘机改装破碎锤进行牙石处理；若揭露矿体底板牙石规模大，确实需要采用爆破方式处理，可根据使用频率购置相应的炸药及凿岩设备，并且可考虑在矿区建设炸药库和起爆器材库。

(5)经济技术指标。

红土镍矿大多采用露天采矿法开采，需要将覆盖在矿石表面的岩土剥离，剥离出的岩土量与采出的矿石量的比值，即为剥采比。由于矿床赋存条件比较复杂，在开采过程中，表土、矿体间土岩夹层及矿体底板岩石的混入，会使出矿品位降低，造成贫化；开采至矿体底板与基岩的接触面时，牙石的存在使得部分矿石无法采用，造成损失。综上所述，红土镍矿主要经济技术指标包括剥采比、损失率和贫化率等，常见的红土镍矿开采经济技术指标范围见表5-2。

表5-2 经济技术指标表

经济技术指标	范围
剥采比	1%~1.5%
损失率	5%~10%
贫化率	3%~5%

5.1.3 复垦

由于红土镍矿厚度(平均在10 m左右)不大，采矿区域推进速度较快，采空区复垦是贯穿整个采矿周期的工程，待一个采区回采完毕后，应及时对采空区进行工程复垦，然后再进行生态复垦。复垦是在采矿过程中逐步进行的，在采场基岩上用堆存的覆盖层实施表土回填，并撒上化肥和适合当地环境生长的草籽，上面用碎木屑覆盖育苗。在局部种植大型树种及乔灌木，并定期浇水，确保树苗存活率。所有废石场和采空区将重新种植地方树种，保护现有的树林，以防止水土流失和控制侵蚀。图5-10和5-11所示为红土镍矿复垦现场。

(1)复垦原则。

①选择适宜于矿区特点、工艺简单、投资省、成本低的复垦工艺；

②合理使用表层剥离土；

③依据技术经济合理的原则，兼顾自然条件与土地类型，选择种草或种树；

④复垦后的地形地貌与周围的自然环境协调，复垦和环境保护同时进行；

⑤保护当地自然水系；

⑥坚持经济效益、生态效益和社会效益相统一的原则。

图 5-10 红土镍矿复垦现场 1

图 5-11 红土镍矿复垦现场 2(树苗种植)

(2)复垦工艺。

复垦工艺需和开采工艺相配套，复垦应根据生产计划合理规划，确保采矿和复垦作业互不干扰，应根据划分的区块有序复垦。同时，复垦应该根据土的物理性质及农业化学特征，按照岩土种类、性能和块度大小顺序排弃，一般是大块在下，小块在上；酸性土在下，中性土在上；不肥沃的在下，肥沃的在上。红土镍矿复垦工艺流程如图 5-12 所示。

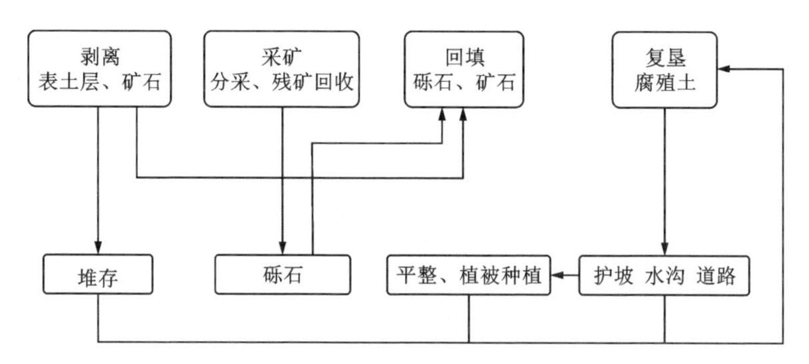

图 5-12　红土镍矿复垦工艺流程图

(3)复垦要求。

①复垦厚度应大于自然沉实土壤 0.5 m;

②复垦后场地平整, 地表坡度一般不超过 5°, 植树用地地表坡度不超过 25°;

③覆土土壤保持良好的质量, 酸碱度控制在适宜作物生长的范围内;

④排水设施满足区域排水要求, 防洪满足当地标准;

⑤有控制水土流失的措施, 边坡需要有植被保护;

⑥雨季复垦需要覆盖工程薄膜防雨。

(4)复垦周期。

根据复垦工序所需时间及各工序的衔接关系, 露天开采境界的复垦周期一般为 12~18 个月, 矿山复垦周期衔接关系如图 5-13 所示。

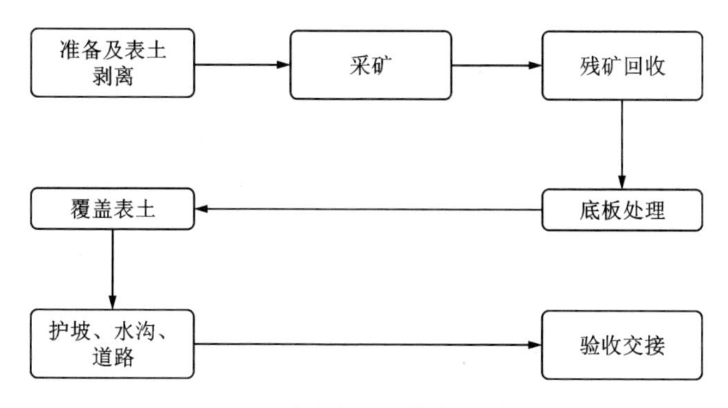

图 5-13　矿山复垦周期衔接关系图

通常在矿山自生产的第二年开始复垦，复垦对象为第一年的采空区，以后逐年开采与复垦同步进行，对采空区及时复垦，尽快恢复植被，保护生态环境。矿山复垦各阶段衔接关系如图 5-14 所示。

图 5-14　矿山复垦各阶段衔接关系图

5.2　生产设备

铲装作业分为剥离和采矿铲装，矿床剥离工作主要由推土机进行，局部极陡、极软区域及边坡位置辅之以小斗容液压反铲；矿石由液压挖掘机装入自卸卡车(图 5-15)，卡车沿矿用公路到达矿石堆场，通常采用同一型号的反铲液压挖掘机，以便于互相调配使用。卡车规格的选择主要考虑卡车能力与生产规模配套，还要确定合理的铲车比，卡车规格大可降低生产成本，但可能与液压铲斗容积不匹配；卡车规格过小、数量多，则生产成本高。推土机、挖掘机等设备的选择不能一味追求大规模，应根据采矿条件合理选取，设备型号过大，采矿过程中容易发生陷车事故。

图5-15 铲装配合作业

辅助作业设备主要包括装载机、推土机、洒水车、平路机、压路机等，每个采矿工作面至少需要配备1台推土机，主要用于作业场地平整、分支道路修筑及维护等。

复垦的主要设备为推土机、装载机。推土机主要用于地板垫层平整和腐泥土推平作业，装载机主要用于从排土场装运表土至采空区，也可用于在采空区附近取土，或用于平衡底板垫土层的搬运作业，个别远距离运土可以临时使用运矿卡车。红土镍矿开采所需的主要设备见表5-3，国外常见的机械品牌主要有卡特彼勒、沃尔沃、山推、小松等，主要设备外观如图5-16所示。

表5-3 红土镍矿开采主要设备一览表

序号	名称	常见型号	主要用途
1	液压挖掘机	KamatsuPC1100SP VolvoEXC350 KOMPC200	采矿
2	卡车	Cat773D DTNissanUDCWB	运矿
3	推土机	LIEBHERR744 BulldozerD85ESS-2A	剥离
4	装载机	VOLVOL180G	装矿、装岩

续表5-3

序号	名称	常见型号	主要用途
5	平地机	VOLVOG940 MGGD511A-1	平整路面
6	压路机	VOLVOSD200 CompactorCP	压实路面
7	油罐车	—	车辆油料供给
8	洒水车	—	除尘
9	越野车	—	工作人员进、出采场

(a) 矿用卡车　(b) 挖掘机　(c) 推土机　(d) 压路机

图 5-16　主要设备外观图

红土镍矿的特点是矿层为水平分布，矿区内可以同时布置多个采场，因此，只要矿山采矿设备选择合理，就可以保证原矿生产能力。为确保设备正常运行，需要在矿山设立设备修理厂。维修车间应配有可移动焊机，并配有切割机、钻机、焊机、空压机和千斤顶等设备，保证备品、备件充足，可解决日常开采过程中出现的大多数问题。红土镍矿设备修理厂如图 5-17 所示。

图 5-17　红土镍矿设备修理厂

5.3　矿石运输

5.3.1　坑内运输

红土镍矿开采大多为公路开拓、汽车运输，开拓运输系统主要包括连接采场与采选工业场地的公路和采场内部公路等。坑内通常选择汽车运输，矿石通过汽车直接运到矿石堆场，剥离覆盖层运至采空区或临时排土场临时堆存。为确保运矿卡车的行驶安全，道路坡度必须符合相应标准。同时，公路路基需要压实，并在路面铺碎石。公路均须设排水沟，路面应及时维护，防止大雨破坏路面。在降雨较少时，矿区内简易公路需要洒水降尘，以降低矿石运输带来的大量灰尘。矿区简易公路如图 5-18 所示。

图 5-18　红土镍矿区简易公路

开拓主干道应尽量铺设在基岩之上，以不压矿或少压矿为标准，方便服务整个采区。在地势低洼处，为确保主干道平直，道路可铺设在残积层或上、下含砾层之间，如有必要可进行填方；遇牙石集中区域，如无法绕开，则须对牙石进行破碎处理。采场内公路为临时路，公路可以随采区变动适当调整。当公路所处的位置需要采矿时，可以先修筑临时道路，矿石开采完后，再将道路重新修筑在矿体底板岩石上，这样可以保证主干公路的稳定和安全，又不因为公路压矿而损失矿石。

分支道路应综合考虑其所服务采场的数量，可根据需要将其修建于矿层之上，但应避免修在腐泥土上。因为对红土镍矿而言，在没有采石场供应砾石的情况下，铺路砾石的获取比较困难，而铺路所需砾石量极大，对砾石应及时回收，经洗矿系统分离以后循环利用。分支道路可以降低筑路等级，坡度可适当加大，标准根据安全规范和实际要求而定。随着采场的变化，分支道路修筑量较大，即每米分支道路所负担的矿石量有限，但须保证路面平整，以利于汽车运输。

5.3.2 外部运输

红土镍矿主要分布在印度尼西亚、菲律宾、澳大利亚等环太平洋的热带-亚热带地区，矿区经常位于岛屿上，因此红土镍矿大多需要通过船舶进行海上运输。矿石经过脱水、晾晒、配矿处理后，按照不同的品位通过矿运卡车和铲运机分批次运往码头进行装载，最终通过驳船运往目的地，如图 5-19 所示。印度尼西亚和菲律宾驳运红土镍矿的驳船多为敞开式无顶驳船，当车装驳船过程中遇到下雨时，在下雨前加盖防水布措施的效果不佳，即使加盖得比较及时，只要防水布兜住了雨水，雨停后也没有有效的方法将兜住的雨水尽快导出驳船外，总体上使得这项措施效果不佳。

图 5-19　驳船运输红土镍矿

影响装船的两个主要因素是降雨和涌浪，下雨时需要将红土镍矿盖住，防止因湿度过大而无法装货；如果海浪过高，驳船靠在大船边上十分危险，因此降雨或涌浪较大时须停止装矿。装矿码头如图 5-20 所示。

图 5-20　红土镍矿装矿码头

近年来运输红土镍矿粉的船舶事故频发，主要原因有两条：一是货舱内含水矿粉超过流动水分点，析出大量水分，造成自由液面，使船舶稳性变为负值；二是由于积载不当，矿粉重量远超过货舱底面局部强度，造成船体断裂。为避免发生海运事故，首先要控制好货物的含水量，了解货物含水量与自由液面析出或货物流动的关系，合理、均匀装载；其次选择好航线，尽可能避开风浪较大的航行区域，同时要采取一系列防止货物流动或减少自由液面影响的措施，加强船员的安全意识，保证安全运输。

5.4　排水和防洪

红土镍矿开采对象以松散物料为主，雨水对采矿作业有较大影响。采场排水应考虑降雨径流对采矿生产和环境两方面的影响。降雨强度大时，不仅会影响司机视线，导致严重的黏矿现象，使装载作业效率降低，运输卡车运行速度降低，而且会破坏路面，使部分排水不畅路段积水，增加卡车通行难度。低洼采场积水量大时，如图 5-21 所示，如不能及时排水，则会影响采矿作业。另外，降雨极易引起土壤侵蚀，特别是经大面积开采扰动后，地表水流对土壤的侵蚀可能造成严重的环境灾害。

图 5-21　红土镍矿采空区的积水

为了减少降雨对采矿作业和环境的影响，应从以下 3 个方面采取相应措施。

(1)合理布置采场及工作台阶。

需在兼顾开采效率和环境保护要求的前提下，尽可能缩小剥离区域和开采范围。采场分条带间隔开采，避免沿坡向大面积暴露开采。垂直倾向分条带布置可降低雨水汇流面积，减小地表径流对矿石的冲刷，能最大限度减小对采场地表环境的破坏，有利于保持较好的采场作业环境，有效地减轻水土流失对环境的影响。工作台阶设计将考虑流水方向，充分利用自然地形地势，合理布置开采单元，台阶坡度一般不小于 1.5%。要结合采场周围地形，避免开挖独立的深坑。

一方面，采场布置时应使采场形成一定坡度，使降雨积水及时排离采矿作业点，尽量减少降雨对生产的影响。另一方面，采场坡度不应过大，应尽量降低地表水的流速。当地形或矿层底板坡度较大时，开采单元的面积应尽量减小，减轻降雨和地表径流对土壤的侵蚀。采场布置应充分利用地形条件，提供尽量大的蓄水空间，使水中夹带的泥砂沉降，减少对周边水系的影响。正常生产期间，在保证生产连续进行的条件下，应尽量减少树木砍伐和植被清理后的直接裸露面积。剥离的覆盖层回填后应及时恢复植被以尽量减少土壤侵蚀和保持回填体的稳定。

(2)建立完善的排水系统。

红土镍矿露天采场排水系统由排水工程、管道和设备组成。排水系统应保证强降雨最大洪峰顺利通过。当矿体分布在山脊或山坡上时，矿山生产无需机械排水，采场排水可全部采用自流方式。

在采场上方山坡开挖截水沟，防止采场上部山坡汇水流入采场。同时在采场下方设置集水坑、开挖截水沟，坡度不小于0.3%，拦截采场流出的污水，并将其引到采场外的雨水沉淀系统。为防止强降雨对已经剥离区域或矿石的冲刷，可采用工程防雨塑料薄膜覆盖剥离区域地面，防止雨水冲刷，具体使用方法根据采场情况而定。

当开采个别相对低洼区域时，采场可能积水，需要调用水泵排水，根据类似矿山生产经验，可选择排泥浆的潜水泵用于采场排水。水泵需满足矿山最大排水量要求，可适当增大泥浆泵型号和泥浆泵数量，提高排水能力。

道路两旁需要修排水沟，当道路跨越壕沟时，须预埋排水管道。矿区公路两旁的排水沟可用工程塑料做内衬，使其内流水不直接冲刷水沟底板，有效降低流水含泥量。

如果最终需要将废水排至大海，则必须建设相应的蓄水池和净化水装置，对污水进行沉淀、净化，除去其中的有害物质和有害元素，确保最终排放污水的水质满足当地环保部门的要求。

(3)合理安排作业计划。

应合理安排采矿作业计划，适当减少降雨时段生产任务，加大无雨时段生产任务。同时，由于采场作业面移动频繁，一般情况下靠自流排水即可满足要求，因此采矿作业完成后，需尽快组织人员和设备平整采矿场地，防止积水形成。

5.5　原矿处理

红土镍矿表面含水量大，一般为30%~60%，导致矿石黏度较大，增大了红土镍矿原矿处理的难度。如果湿度过大，则红土镍矿难以直接进行运输，需要对原矿进行脱水、晾晒处理，一般矿石表面含水量在15%左右时，可以进行正常运输。

红土镍矿中砾石含量及尺寸变化较大，主要原因如下：红土镍矿矿层厚度不均，特别是残积层，含砾情况不规律；由于露天开采使用大型设备，难以进行精细化控制，原矿中土质含量和砾石含量比例变化较大，砾石尺寸不均。红土镍矿原矿如图5-22所示。

图 5-22　红土镍矿原矿

红土镍矿的粒度组成以粉状为主，含有少量粒度不均匀的块料，大的块料尺寸超过 500 mm，部分块料不含镍或含镍量很小。红土镍矿的矿石性质特别是矿石含水率、砾石含量和砾石尺寸将直接影响原矿预处理工艺的选择。大部分红土镍矿具有含水率较高、黏性较大、砾石含量不稳定及砾石尺寸较大的特点，原矿预处理工艺要适应红土镍矿的这些特性。

对原矿含水量较少、流动性相对较好的红土镍矿，可以采用基于颚式破碎机的原矿预处理工艺，如棒条振动筛+颚式破碎机工艺、棒条滚摆式给料机+颚式破碎机工艺；对原矿砾石含量较少、含水量较少的红土镍矿，可以采用简单的固定格筛(振动格筛)+液压碎石工艺，这种工艺配置简单、投资较少，处理规模较小的矿山时也可采用此方法进行红土镍矿原矿预处理。红土镍矿原矿筛分破碎机如图 5-23 所示。

图 5-23　原矿筛分破碎机

5.6 配矿混匀

由于红土镍矿床赋存受地形地貌影响较大，部分区域的矿体分层特征不显著，腐泥土层、褐铁矿层、残积层、上下含砾层各具有不同的特征，原矿中杂质元素含量差别极大。矿床中 Mg 元素在不同矿层中的含量由上至下呈逐渐增长的趋势，最高含量与最低含量差异可达 30 倍；矿床中 Al 元素在不同矿层中的含量由上至下渐次降低，最高含量与最低含量差异最大为 4 倍，使得原矿石品位分布情况复杂多变，采出矿石的品位处于不断变化的过程。

红土镍矿冶炼时对矿浆的质量要求较高，配矿是为了保证供矿中各种金属品位均衡稳定。为了满足冶炼厂工艺对矿石品质的要求，将低品位矿石和有害元素含量控制在一定水平，使进入冶炼系统的矿石质量达到稳定和均衡，就必须开展生产配矿工作。

5.6.1 影响配矿效果的因素

1. 品位控制因素

准确的矿石品位信息对配矿工作而言是十分重要的。影响现场矿石品位的因素主要有三个：一是前期勘探钻孔的网度和局部区域采用的控制网基础勘探资料不精确，没有达到详勘的精度，依此编制的生产计划与实际产出的原矿品位相差较大；二是该地质取样工作没有相应的取样规范和标准，全凭地质技术员的现场经验来指导取样，难以达到精确控制的要求，导致地质取样结果代表性不强；三是实际工作中现场化验样品不仅包括地质样，还有水采、洗矿、铬精矿、浓密底流及输送环管等多类矿浆样品，化验工作繁重，容易出现样品混淆与污染，化验结果不及时、不准确等情况。

2. 配矿手段因素

现场配矿虽然考虑了供矿点品位与出矿量的加权平均，但在配矿计划执行过程中，采用运矿车数来控制计划的执行，未考虑现场采用的自卸汽车运输，车辆的故障率与满斗率受司机操作、异常天气等因素的影响较大，导致出矿量不稳定。

3. 监督管理因素

采场原矿监管力度不足，不能及时根据现场反馈制定调整方案，导致配矿不能严格按计划实施，主要表现在两方面：一是出矿点在推进式回采时，需要边出矿、边垫路，导致该作业面的出矿车数严重缩水，配矿失衡；二是现场矿石品质发生变化，如出现风化石或绿色橄榄岩时，对下游洗矿车间的槽洗效率影响较大，严重时甚至导致洗矿作业停工，也会对当班品位失衡造成重大影响。原矿堆场的二次配矿是稳定配矿品位的重要保障措施，特别是在交接班和班餐阶段，现场采用从堆场出矿的方式来保证矿仓连续供应，而堆场的管理不到位，如不能实现不同品级的矿石分别堆存或者堆场抽样制度不完善等，都会使堆场的品位失控，从而减少了堆场的二次配矿优势。

5.6.2 关键指标

红土镍矿冶炼过程中较为重要的三个指标分别为 Ni 品位、$w(Fe)/w(Ni)$ 值和 $w(SiO_2)/w(MgO)$ 值。不同的冶炼工艺对上述指标要求不一，如果生产过程中的矿石没有达到指标要求，则需要对其添加相应的辅料，这会影响生产成本、产品质量和产量。原矿石中的 Ni 品位、$w(Fe)/w(Ni)$ 值及 $w(SiO_2)/w(MgO)$ 值存在较大的波动，如直接对其进行冶炼，不能完全满足冶炼要求，因此必须对其进行配矿，提升红土镍矿的稳定性，使红土镍矿资源得到充分利用，降低其质量的波动，改善产品质量，控制生产成本。配矿比的选取首先应考虑 Ni 金属品位，其次考虑 Mg、Al、SiO_2 和 MgO 杂质的含量，根据冶炼对各种指标含量的要求，确定褐铁矿层与其他矿层的配比。除此之外，还应综合考虑不同矿层含水率、含砾率等因素。

5.6.3 配矿方法

常见的配矿方法有 3 种，分别为采场配矿、储矿场配矿和矿仓配矿。

(1)采场配矿指的是将不同采区的高品位和低品位矿石进行直接配矿。回采矿石中，对富矿和贫矿按照一定的开采计划和比例进行开采。在向冶炼厂运送矿石时，按照相关指标的实际需求提供不同品位的矿石。采场配矿法的优点是成本较低且简单易行，其应用十分普遍。

(2)储矿场配矿是在矿山提前修建多个堆场，把不能直接进行采场配矿且影响采场掘进的矿石采出堆存，并分级混匀，然后根据生产需求的矿石指标选用不同的矿堆进行配矿。储矿场配矿可以实现对矿石的转运、储存、分级和配矿，相应的生产成本也会增加，例如堆场修建和二次装运的费用等。

(3)矿仓配矿是指在破碎站设独立原矿仓，矿仓数量通常为2~3个，每个原矿仓底部设置一台可以调频的重型板式给料机，给破碎机供料。不同品位的矿石分别进入不同矿仓，根据提供的矿石指标计算2种或3种入仓矿石的配比，然后通过调节重型板式给料机的频率来分别定量给料，达到破碎后混匀配矿的目的。

在实际生产过程中采场、储矿场和矿仓配矿通常一起使用，即采用联合配矿法，根据采矿计划和矿石需求灵活运用。在多采区、多台阶、多矿点情况下，一般采用矿仓配矿可以满足红土镍矿生产供矿要求。但随着矿山的开采，矿石配矿条件变差，加之雨季对红土镍矿出矿的影响，理想品位的矿石越来越少，需在矿仓周围设置矿石堆场，以储存不同指标的矿石，同时可供矿仓配矿使用，以满足矿石冶炼所需求的供矿品位。在配矿过程中，矿石的混匀环节尤为重要，挖掘机需边采掘、边预混，并且将挖掘机作业范围内的矿石混拌后再装车；储矿场堆料时，分层堆存并用挖掘机混匀；矿石入仓时，再次混拌；经过破碎系统后，不同矿仓的矿石落料至同一条皮带上并输送往中间仓混拌，中间仓的落料点低于皮带端头，这在落矿过程中也可起到较好的混匀作用；混合后的矿石通过管状皮带输送至冶炼堆场，最终使矿石充分混匀。

5.6.4 操作过程

首先应编制合理的中长期配矿计划，包括年、季、月度计划，采矿配矿计划的编制和调整要充分考虑矿山可采储量、区块现状，以及各年度、月度的供矿量和供矿品位，利用三维矿业工程软件准确计算不同区块的出矿点和出矿量，达到各个区块的采剥进度平衡。

其次应选择合适的配矿区域，制定短期生产计划。配矿区域的选择即对不同区块、不同台阶、不同采点的矿石进行中、长期搭配，搭配是否合理直接影响供矿的可持续性和配矿的技术经济效益。所以，高、低品位出矿点矿石的互相配矿，要满足各个区块平衡推进和矿石需求量的要求。配矿区域选择适宜，不但可以保持配矿量和配矿指标的长期均衡，而且可使各采区服务年限保持一致。

在采矿生产中，应尽快形成不同矿层、多作业点同时开采的局面，为配矿作业提供基础。配矿可在不同采场之间、同一采场的不同矿层之间进行。采矿时为了方便以后配矿，要对不同品位的褐铁矿层和腐泥土层进行分采、分运，不同品位的矿石应分别堆存。堆场在堆矿完毕之后会检测并确认最终的实际品位，以便于配矿。堆存场地的选择应当便于将来再次外运，同时不压矿、不影响周边矿石的开采。红土镍矿石堆场如图 5-24 所示。

图 5-24　红土镍矿石堆场

另外，应充分发挥原矿堆场的调节作用，可同时设计 2~3 个堆场，以便堆存足量的原矿。应对堆场区域进行划分，储存来自不同矿层的原矿，使堆场变成一个完整的可供矿、配矿体系，以改变其单纯的原矿存储功能，同时可缓解过度依赖采场配矿的压力，以增加配矿工作的灵活性、降低配矿的难度。

为进一步提高配矿效果，还需做到以下几点：地质部门和测量部门要经常更新回采区域的现状和地质情况，并进一步细化矿块图，为配矿工作提供更精准的资料；灵活运用联合配矿技术，合理安排回采进度，尽量使用小配比，最好是 2~3 个矿点，提高矿石的均匀度，降低配矿控制难度；为避免围岩的混入给配矿质量指标造成较大波动，应对采掘范围和下挖深度进行必要的标识，并加强现场技术指导和监督；配矿过程中，应富矿和贫矿兼采，在高品位矿中适当配以低品位矿石，发挥贫矿的作用，降低生产成本，延长矿山服务年限。

5.7　本章小节

本章在全面介绍红土镍矿全开采流程的基础上，对涉及采矿的运输、排水、配矿等关键环节结合项目经验进行了系统说明，对红土镍矿的开采具有现实参考意义。

第 6 章 红土镍矿冶炼技术

人类使用镍的历史可追溯到公元前 300 年左右。我国在春秋战国时期就已出现了含镍成分的兵器及合金器皿，古代云南产出的一种“白铜”中，就含有较高含量的镍。但是，直到 1751 年，瑞典矿物学家克朗斯塔特（A. F. Cronstedt）才首次从红砷镍矿中分离出金属镍。1825—1826 年，瑞典开始镍的工业化生产，但限于当时的生产技术条件，镍的生产未能得到长期显著的发展，直到发现可以将镍制成合金钢，铜镍分离技术得到了开发推广，镍工业才有了较快的发展，镍产量也迅速上升。1910 年，世界镍产量只有 2.3 万 t，到 2012 年，全球原生镍产量已达到 168.7 万 t，镍的消费量也达到 164.4 万 t。近年来，世界镍消费量年均增长率在 4%以上，中国的镍消费量年均增长率则在 20%以上。统计数据表明，镍需求量不断增长的驱动力主要来自两个方面：从使用角度看，驱动力来自不锈钢工业用量的增加；从地区角度看，驱动力来自中国需求量的不断增长。

红土镍矿曾是早期镍的主要来源，以 1875 年新喀里多尼亚红土镍矿的开发利用为标志，从红土镍矿中生产金属镍已有一百多年的历史。但由于红土镍矿品位较低，很难通过选矿获得较高品位的镍精矿[$w(Ni) \geqslant 6\%$]，需要大规模开发，投资大、能耗高，因此，以 20 世纪初期开发加拿大萨德伯里（Sudbury）硫化镍矿为契机，人们将更多的注意力转移到开发硫化镍矿上。然而，由于世界已发现的硫化镍矿的资源量有限，且大部分已被开发，因此近年来人们开始重新关注红土镍矿的开发利用。

6.1 镍冶炼概述

镍金属的冶炼工艺主要有两种，即火法冶炼和湿法冶炼。根据两类含镍矿物(硫化镍矿和红土镍矿)的矿石成分及品位、伴生元素等特点，选择不同的选矿和冶炼工艺。图 6-1 为以硫化镍矿和红土镍矿为原料生产镍产品工艺流程示意图。

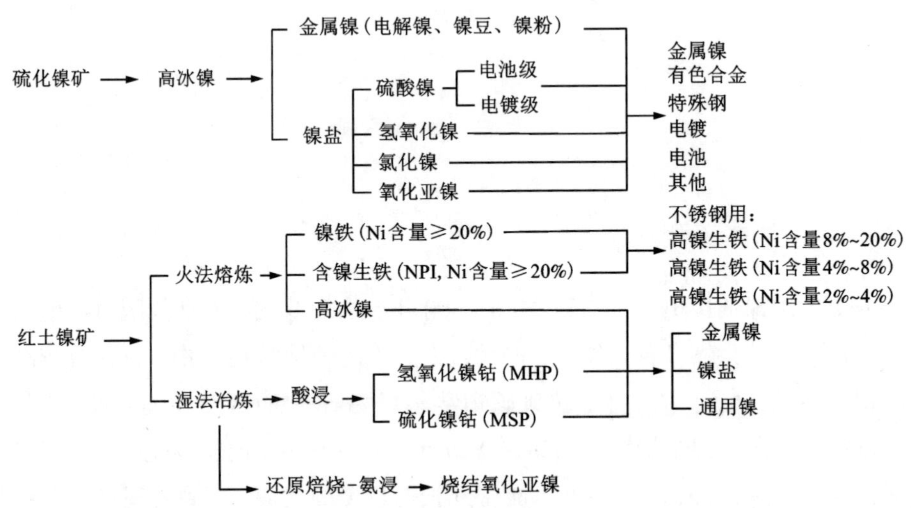

图 6-1 以硫化镍矿和红土镍矿为原料生产镍产品工艺流程示意图

(1)硫化镍矿冶炼。

硫化镍矿床普遍含铜，常称为含铜硫化镍矿床。含铜硫化镍矿中矿物集合体嵌布粒度、嵌布关系及脉石矿物种类等决定了选矿工艺的制定。目前，生产上主要应用的工艺流程有浮选和磁选-浮选联合流程，而磁选和重选常作为辅助的选矿工艺。混合浮选工艺在我国含铜硫化镍矿选矿中应用最成熟，也最为广泛。

硫化镍矿的冶金包括冶炼和精炼两部分。

冶炼：经过选矿得到含镍 5%~10%的硫化镍精矿，硫化镍精矿中的主要矿物为镍黄铁矿、磁黄铁矿、黄铜矿、辉铜矿、铜蓝及黄铁矿等，常采用火法冶炼生产低冰镍，如淡水河谷铜崖冶炼厂、诺里尔斯克纳杰日金斯克冶炼厂、必和必拓卡尔古利镍冶炼厂、金川镍冶炼厂、博茨瓦纳塞莱比-皮奎冶炼厂采用闪速炉；嘉能可萨德伯里镍铜冶炼厂、吉恩镍业采用电炉；新鑫矿业阜康冶炼厂采用氧气侧吹炉，哈密众鑫采用鼓风炉，用转炉将低冰镍吹炼成高冰镍，以提高镍品位，降低杂质含量。

精炼：高冰镍经细磨、破碎后，用浮选和磁选分离，得到含镍67%~68%的镍精矿，同时选出铜精矿和铜镍合金，分别回收铜和铂族金。镍精矿经反射炉熔化得到硫化镍，再送电解精炼或经电炉(或反射炉)还原冶炼得到粗镍，之后再电解精炼。高冰镍先采用硫酸浸出、氯化浸出或混酸体系浸出，再进行溶液除杂，除杂后液经电解精炼生产电解镍或镍盐，或采用羰化冶金工艺生产羰基镍粉(丸)。

(2)红土镍矿冶炼。

红土镍矿床通常分布于地表以下0~40 m，按照地质结构从上到下可分为六层，依次为覆盖层、铁帽层、褐铁矿层、过渡层、腐泥层和基岩层。有价金属元素主要分布于褐铁矿层、过渡层和腐泥层。红土镍矿中镍、镁、硅的含量随着矿层深度的增加而增大；铁含量随着矿层深度的增加而减小；钴含量与铁含量类似，在褐铁矿层中含量最高。红土镍矿中还含有铝、铬、锰等杂质元素。

红土镍矿品位一般为1%~2%，其中铁、镁、铝等杂质含量往往达到50%，杂质的总含量往往是镍含量的30倍以上。镍主要嵌布在褐铁型矿物或硅镁型矿物中，难以通过选矿方法富集，通常直接进行冶炼，生产镍铁、镍锍及含镍中间产品。根据原料特性，上部褐铁矿层红土镍矿适合采用湿法冶炼工艺处理，但对镁含量有要求(一般要求氧化镁含量低于10%)；下部腐泥层红土镍矿适合采用火法冶炼工艺处理。中间过渡层根据具体情况搭配使用火法冶炼工艺或湿法冶炼工艺。火法冶炼可生产镍铁或高冰镍，湿法冶炼可生产镍中间产品，例如采用高压酸浸工艺生产氢氧化镍钴(氢氧化钠沉淀)或者镍钴混合硫化物(硫化氢沉淀)，或采用还原焙烧—氨浸工艺生产烧结氧化亚镍和镍钴混合硫化物。

6.2　硫化镍矿冶炼工艺

6.2.1　火法造镍锍

需根据原料类型、成分和对产品的要求，确定造镍锍工艺流程。硫化矿大部分采用造锍冶炼，先用不同的火法冶金机具(鼓风炉、电炉、闪速炉、熔池熔炼炉)将硫化矿炼成低镍锍，再将低镍锍用转炉吹炼成高镍锍，最后经镍精炼厂的不同精炼方法将高镍锍生产成不同的镍产品。

1959年，芬兰奥托昆普公司哈贾伐尔塔冶炼厂首次采用闪速炉炼镍，之后澳大利亚卡尔古利、博茨瓦纳皮克威、俄罗斯诺里尔斯克、巴西福塔莱萨、中国金川相继建设镍闪速炉。

闪速炉冶炼低冰镍的优点：充分利用镍精矿巨大的比表面积和巨大的化学潜热，各种反应迅速、充分；烟气量相对小，SO_2浓度高，利于造酸；单台生产能力大，反应塔处理能力大；节约能源，综合能耗低；过程空气富氧浓度可在23%至95%范围内进行选择，有利于选择设备和控制烟气总量；过程控制简单，容易实现自动控制；挖潜、扩产容易。闪速炉冶炼低冰镍的缺点：渣的有价金属含量高，烟尘率大，物料准备要求高。

金川镍闪速炉为金川二期工程的重要项目，只引进国外先进的闪速熔炼技术(卡尔古利)DCS控制系统(MOD300系统)和个别关键设备(精矿喷嘴等)，由国内自行设计、制造和安装。1984年6月，国家计划委员会批复金川二期设计计划书，冶炼采用引进镍闪速熔炼技术，1988年开始建设，1992年10月建成投产，先后经过两次大的挖潜改造，现在年处理镍精矿75万t，产出低冰镍含镍6万t，见表6-1。

表6-1　金川镍闪速炉技术参数一览

参数名称	数值	参数名称	数值
处理镍精矿典型化学成分	Ni 5%，Cu 3%，Co 0.2%，MgO 6.5%	反应塔尺寸	ϕ6 m×7 m
产出低冰镍典型化学成分	Ni 30%，Cu 17%，Co 0.4%	沉淀池尺寸	8 m×8 m×9.5 m
处理量	镍精矿80 t/h，70万t/年；镍金属量6万t/年	贫化区尺寸	7 m×8 m×10 m
富氧浓度	45%~70%	电极消耗	0.5~1 t/班
进风量	22000~32000 Nm^3/h	熔剂消耗	10 t/h
外形尺寸	36 m×8 m×10 m	炉渣化学成分	Ni 0.27%，Cu 0.29%，Co 0.07%
加料喷嘴	1个	烟尘量	200 mg/Nm^3
燃料消耗1	1~50 kg煤/t精矿	烟气量	10000~50000 Nm^3/h

续表6-1

参数名称	数值	参数名称	数值
燃料消耗2	2~10 kg 重油/t 精矿	烟气 SO_2 浓度	20%~30%
电消耗	80~120 kW·h/t 渣	炉龄	25年
蒸汽消耗	2 t/h	水冷铜套面积	150 m^2

金川富氧顶吹镍熔炼项目采用由金川集团股份有限公司、澳大利亚斯麦特公司和中国恩菲工程技术有限公司联合开发且金川集团股份有限公司拥有30%知识产权的JAE富氧顶吹浸没喷枪熔池熔炼技术，是世界上首次将该技术应用于镍的熔炼工业化实践。该工艺具有处理量大、对物料适应能力强、自动化程度高、能耗低环保效果好、金属回收率高等优点。项目设计年处理镍精矿100万t，高镍锍产出量为6万t，回收冶炼烟气年产硫酸达73万t，是目前全球最大的富氧顶吹镍熔炼和单系列冶炼烟气制酸系统。该项目投资22亿元，于2006年9月30日开工建设，2008年10月20日建成投产，使金川公司镍冶炼能力高镍锍含镍量突破12万t/年。金川富氧顶吹炉技术参数见表6-2。

表6-2　金川镍富氧顶吹炉技术参数一览

参数名称	数值	参数名称	数值
处理镍精矿典型化学成分	Ni 6.00%，Cu 3.50%，Co 0.14%，MgO 8.00%	熔剂消耗	98.36 kg/t 精矿
产出低冰镍典型化学成分	Ni 27.18%，Cu 16.32%，Co 0.40%	烟尘量	37.95 g/m^3
处理量	镍精矿147.8 t/h，103.5万t/年（含硫化剂）；Ni 6万t/年	烟气量	117678.11 m^3/h
炉渣典型化学成分	Ni 1.26%，Cu 0.73%，Co 0.09%	烟气 SO_2 浓度	15.81%
富氧浓度	60%	炉龄	9年
进风量	63949.18 m^3/h	水冷铜套面积	105.5 m^2
燃料消耗1	78.93 kg 煤/t 精矿	外形尺寸	ϕ 5.0 m×16.5 m

6.2.2 湿法电解精炼

6.2.2.1 传统硫酸盐体系镍电解工艺

采用传统硫酸盐体系镍电解工艺的主要有金川镍冶炼厂镍电解三车间。火法冶炼生产的高冰镍经过高锍磨浮—二次镍精矿—铸镍阳极—镍电解，产出电解镍。一般采用可溶阳极隔膜电解，或者高锍磨浮产出的二次镍精矿酸浸，以及不溶阳极电积工艺。镍电解主要工序有净化、造液和电解。金川集团采用中和水解法除铁、活性硫化镍+阳极泥除铜、中和水解法除钴。

金川集团、吉恩镍业、新鑫矿业“硫化镍—电解镍”生产工艺对比见表6-3。

表6-3 金川集团、吉恩镍业、新鑫矿业“硫化镍—电解镍”生产工艺对比

<table>
<tr><th>公司名称</th><th colspan="2">生产系统</th><th>工艺流程叙述</th><th>2020年产能</th><th>备注</th></tr>
<tr><td rowspan="4">金川集团</td><td rowspan="2">火法冶炼</td><td>闪速炉+转炉</td><td>处理低氧化镁镍精矿。硫化铜镍精矿—蒸气干燥—闪速炉熔炼—转炉吹炼—高冰镍</td><td>75万t镍精矿/年，镍金属量6万t/年</td><td>1992年10月投产，总投资2.2亿元。2010年技术改造，总投资4.6亿元</td></tr>
<tr><td>富氧顶吹炉</td><td>处理自产高氧化镁镍精矿和部分外来镍精矿。镍精矿干燥—富氧顶吹炉熔炼—电炉沉降分离—卧式转炉吹炼—吹炼炉渣电炉贫化</td><td>100万t镍精矿/年，镍金属量6万t/年</td><td>2008年8月投产，总投资24亿元</td></tr>
<tr><td rowspan="2">电解精炼</td><td>可溶阳极隔膜电解</td><td>高冰镍酸浸—净化—可溶阳极隔膜电解，高冰镍硫酸浸出，采用除铁、除铜、除钴三段连续净化工艺</td><td>电解镍15万t/年</td><td>1995年投产</td></tr>
<tr><td>不溶阳极电解</td><td>高冰镍硫酸浸出—萃取净化，采用氢氧化镍除钴，不溶阳极电解</td><td>电解镍2.5万t/年</td><td>钛涂铱阳极</td></tr>
</table>

续表6-3

公司名称	生产系统		工艺流程叙述	2020年产能	备注
吉恩镍业	火法	奥斯麦特炉	奥斯麦特炉熔炼—沉降电解—转炉吹炼	镍金属量1.5万t/年	2009年12月投产
	湿法	电解	高冰镍高锍磨浮—酸浸—净化—电解	电解镍5000 t/年	2009年12月投产
新鑫矿业	火法	侧吹炉	镍精矿富氧侧吹熔炼—转炉吹炼	镍金属量8000 t/年	2008年由鼓风炉改造，2011年3月15日投产
	湿法	电积	高冰镍磨碎—两段酸浸—浸出液除钴(黑镍除钴)—电积镍	1.3万t/年	1993年11月投产，阜康冶炼厂

金川集团选矿冶炼工艺流程(图6-2)：铜镍矿石经选矿厂破碎、磨矿、浮选，分别得到高氧化镁铜镍精矿(MgO含量11%左右)和低氧化镁铜镍精矿(MgO含量<7%)。高氧化镁铜镍精矿经回转窑进行半氧化焙烧、圆盘制粒，然后送入富氧顶吹炉，使焙砂经过熔炼，得到低冰镍，再经转炉吹炼产出高冰镍；低镁铜镍精矿经蒸气干燥，送入闪速炉，再经转炉吹炼产出高冰镍。高冰镍通过磁选和浮选分离出硫化镍精矿、硫化铜精矿和含大量贵金属的铜镍合金。镍精矿用烧重油的反射炉熔铸成硫化镍阳极，加隔膜电解精炼，阳极溶解后进入溶液，阴极电解沉积产物即为电解镍(板)；从阳极室流出的电解液经氧化中和水解除铁、加镍精矿除铜和通氯气氧化水解除钴，净化后的镍溶液返回电解系统并作为阴极液加入电解槽。高镍铁渣经还原溶解，用黄钠铁矾法除铁，含镍溶液送造液槽；铜渣经氯气全浸后，溶液返回造液槽；钴渣送钴系统生产电积钴；残极送回熔铸车间重新熔铸；阳极泥经热滤回收硫黄；热滤渣与一次铜镍合金合并提取贵金属。

浸没式富氧顶吹熔炼技术的主要特点如下：

(1)顶吹熔炼炉为竖式的筒状炉体，炉型简单，密闭性好，熔炼过程热损失少，而且炉体不转动，占地小；

(2)对原料的适应性强，不仅适用于铜、镍、铅、锡、镍铁合金等多种有色金属冶炼，而且适应同种金属精矿原料成分的波动，对物料粒度、水分均没有严格要求，因而备料系统简单；

(3)采用浸没式、顶吹的喷吹技术，鼓风压力低，动力消耗小；

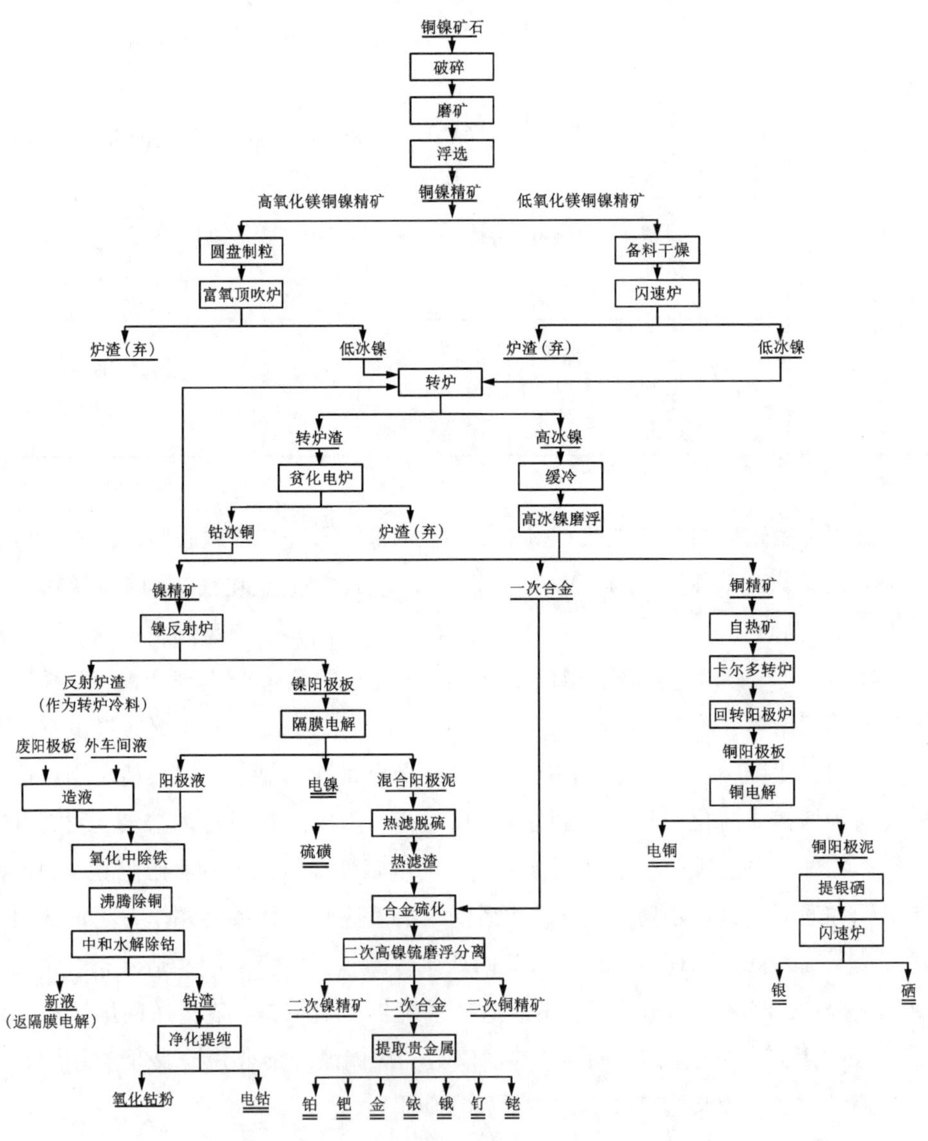

图 6-2 金川集团选矿冶炼工艺流程

(4)熔炼过程全部集中在剧烈搅动的高温熔池中进行，传热传质迅速，熔炼强度大，反应速度快，有利于降低工艺能耗，而且过程容易控制；

(5)环保效果好，系统密闭，有害烟气泄漏少，满足清洁工厂的要求，产出的烟气二氧化硫浓度高，易于经济地回收；

(6)喷枪顶置，操作方便，不存在侧吹、底吹等与喷枪口有关的各种问题；

(7)能耗和投资相对较低，运行成本较低，投资效益较好。

正是由于具有上述多种优点，浸没式富氧顶吹熔炼技术发展非常迅速，近十年国内建成的铜、镍、铅、锡顶吹熔炼炉已超过 15 座。

由于该例中浸没式富氧顶吹熔炼技术应用于镍精矿熔炼在世界上尚属首次，镍精矿熔炼过程的温度比铜精矿熔炼高 150 ℃以上，且精矿黏结性大(Ni 含量 6%，MgO 含量 10%)，因此金川、澳斯麦特和恩菲三家公司合作，采用澳斯麦特浸没喷枪熔池熔炼技术，发挥恩菲在大型镍冶炼项目上工程设计的优势，充分结合金川集团多年来镍冶炼方面的实践经验，共同联合开发 JAE(jnmc、ausmelt、enfi)镍精矿熔炼技术，该炉为炉膛内径 5 m、炉膛高度 16.5 m 的大型顶吹熔炼炉，是目前世界上最大的顶吹炉。该项目获得“2009 年中国有色金属工业科学技术奖一等奖”“2010 年国家优质工程奖银奖”，顶吹炉设计获得“2010 年中冶集团科学技术奖”等奖项。

6.2.2.2 氯盐体系电积镍工艺

氯盐体系电积镍工艺是主要以高镍锍或硫化镍钴为原料，采用氯气浸出—电积的方法进行处理的工艺技术。目前，国内还没有采用此工艺的生产厂家，国外厂家主要有嘉能可挪威克里斯安松镍精炼厂(Kristiansand, Norway)、日本住友金属新居滨镍精炼厂(Sumitomo, Niihama Japan)、埃赫曼法国桑多维尔镍精炼厂(Eramet, Sandouvill France)、诺里尔斯克镍业芬兰哈贾伐尔塔精炼厂(Harjavalta Refinery)。与硫酸盐体系电积不同，氯盐体系电积过程中阳极产生氯气，电解液的酸度基本不发生变化。但由于氯气为高毒性危险气体，必须将其收集，避免其从电积槽中逸出，因此该工艺一般采用阳极套袋技术进行生产，即将阳极板置于阳极隔膜袋中。阳极隔膜袋上安装有多个吸液管，并汇总至一个阳极总管，通过阳极液抽风机产生的负压，将袋内的阳极液及氯气吸入阳极总管内，经气液分离、干燥压缩后，氯气可返回到上游工序循环使用。镍阴极液通过管道进入电积槽，维持阳极袋内液面，从而使电积液只能从袋外的阴极区流入袋内阳极区。氯盐体系镍电积采用涂覆铂族金属的钛阳极。该工艺流程如图 6-3 所示。

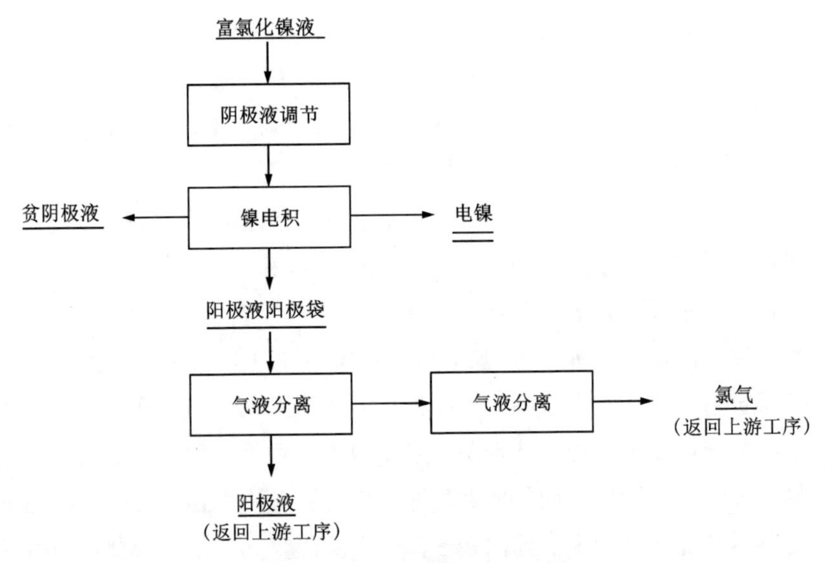

图 6-3 氯盐体系电积工艺流程

6.2.2.3 硫酸盐-氯盐混盐体系镍电积工艺

采用硫酸盐-氯盐混盐体系镍电积工艺的主要有淡水河谷长港精炼厂，金川镍冶炼厂镍电解一、二车间，诺里尔斯克镍业科拉分公司镍电解一车间。溶液含硫酸镍和氯化镍，采用阳极套袋技术，收集阳极产生的氧气和氯气。长港精炼厂使用永久阴极，年生产 5 万 t 镍冠(扣)，挪威克里斯蒂安松精炼厂和住友新居滨镍精炼厂均有 2000 t/年镍扣产能。

6.2.3 羰化冶金工艺

羰基镍是通过羰基法生产的镍制品的统称，主要包括高纯度镍丸、微米级羰基镍粉末、纳米级羰基镍粉末、羰基镍铁合金粉末、羰基法制备的泡沫镍等产品。羰基法生产镍的技术于 1898 年由英国科学家蒙德(Ludwig Mond)及兰格尔(Car Langer)发明，并于 1902 年实现了工业化生产，主要有常压、中压、高压三种生产工艺。该工艺具有原料适应性强、流程短、生产成本低、无污染、品种多样化、产品性能优异等特点，自发明以来，该技术拥有国一直对其实行技术封锁，至 21 世纪初，世界上只有加拿大国际镍公司与俄罗斯北方镍公司拥有大规模工业化生产线。

在一定温度和压力条件下，镍的硫化物与一氧化碳作用生成四羰基镍[$Ni(CO)_4$]和五羰基铁[$Fe(CO)_5$]络合物，这种络合物是一种易挥发的液体，极不稳定，在较低温下极易离解成金属 Ni(或 Fe)和 CO，通过控制羰基化合物的热解温度、时间等，可以制备出从纳米级到微米级的羰基镍粉，经过镍丸反应器使镍在晶种表面不断沉积，可生产厘米级的镍丸产品(生长周期大于三个月)。不同的分解条件下，可以生产出羰基铁粉、各种规格的镍铁粉和包覆粉。羰基镍产品是高技术产业的重要原料，广泛用于镍氢电池、合金钢、粉末冶金、超微过滤器、催化剂及隐身材料等领域。

世界羰基镍生产工厂主要有淡水河谷 Inco 铜崖精炼厂(6 万 t/年)、英国克莱达奇(4.5 万 t/年)、俄罗斯北镍(5000 t/年)、金川集团(1 万 t/年)、吉恩镍业(2000 t/年)、核工业 857 厂(江油)、兴平 668 厂等。

金川集团 2000 年启动羰基镍的研发，“应用羰基法技术从铜镍合金中制取镍产品富集贵金属工艺”项目也被列入国家“十五”科技攻关课题，采用中压羰基法(70 MPa)生产工艺富集贵金属，贵金属回收率可提高 10%。金川集团 2003 年建成国内第一条完整的 500 t 羰基镍/年生产线，2006 年实现羰基镍丸的连续化生产。

金川集团 5000 t 羰基铁/年项目于 2012 年投产，1 万 t 羰基镍/年项目于 2018 年投产。金川集团 1 万 t 羰基镍/年项目由中国恩菲设计，生产工艺包括合成、精馏和分解三个工序。原料采用镍高锍磨浮产出的铜镍合金，产品有羰基镍粉、羰基镍丸、羰基铁粉、羰基镍铁粉等。

吉恩镍业(吉林卓创新材料有限公司)常压法羰基镍项目的总投资为 2.65 亿元，采用国际先进的加拿大 CVMR 公司的常压羰基法技术及设备。该项目建成后，羰基镍系列产品的产能可达到 2000 t/年，其中包括羰基镍丸 1000 t、微米级羰基镍粉末 580 t、微米级羰基铁粉末 80 t、纳米级羰基镍粉末 20 t、羰基镍-铁合金粉末 200 t、包覆粉末 100 t、特殊功能材料 20 t。该项目于 2006 年基本建成，到 2011 年才正式投产，目前处于停产状态。

6.3　红土镍矿冶炼工艺

红土镍矿冶炼工艺发展的第一个时期是红土镍矿—镍铁—不锈钢时期(2007—2017 年)，这个时期由于不锈钢的需求大幅提升，硫化镍矿的供给不足，高镍价吸引资本流入，突破了红土镍矿—镍铁—不锈钢的生产工艺瓶颈，缓解了硫化镍矿的供给压力，但也开启了镍价的十年下跌之旅。2005—2020 年全球镍矿储量及矿产量对比如图 6-4 所示。

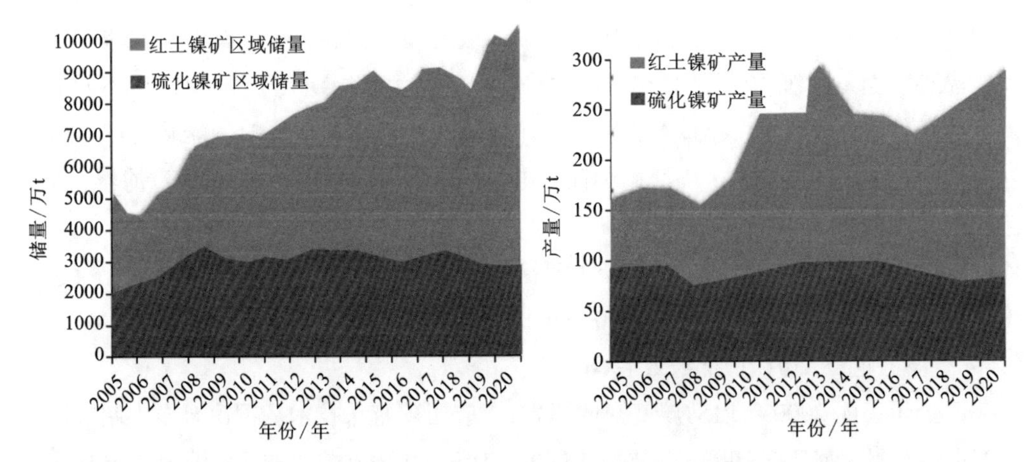

图 6-4　2005—2020 年全球镍矿储量及矿产量对比(数据来源：INSG)

第二个时期是红土镍矿—镍中间品(高冰镍)—硫酸镍时期(2018 年至今)，由于成本及工艺设备不成熟，红土镍矿生产镍锍火法冶炼及湿法冶炼生产硫酸镍技术发展缓慢。但不锈钢产业的发展、新能源汽车产业的兴起及三元动力电池对硫酸镍的需求，促进了红土镍矿的开发。2018 年开始采用 HPAL 工艺和火法高冰镍工艺大规模处理红土镍矿。镍产业链的二元供需示意图如图 6-5 所示。

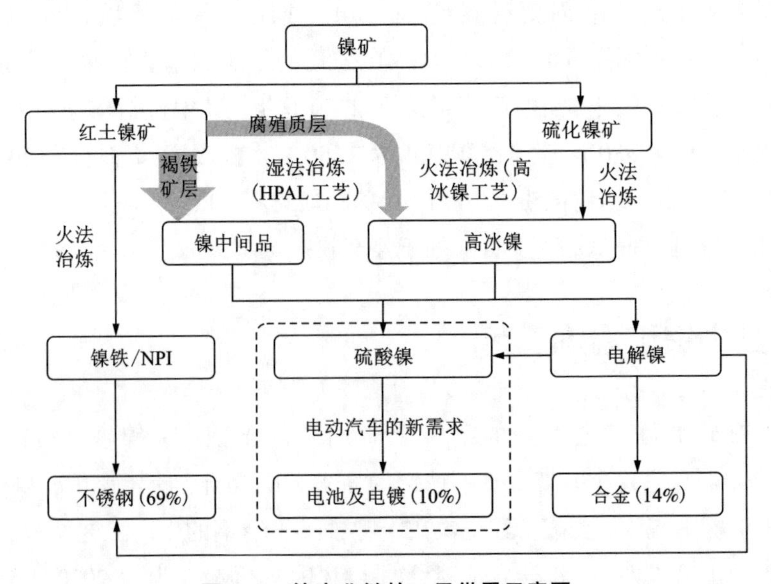

图 6-5　镍产业链的二元供需示意图

红土镍矿主要由铁氧化物和硅酸盐类矿物组成，化学分析结果显示，其主要组成元素有 Fe、Si、Mg、O、Al、Cr、Ni 等，Co 作为伴生有益元素在多数矿床中均存在，含量低，但也有少部分矿床中含量很低或没有。

镍铁主要用于不锈钢的生产，自从火法冶炼高冰镍打通镍铁至新能源的产业瓶颈后，镍铁的去向又多了一种可能。不过考虑到该技术目前还未完全成熟，且生产出来的中间品为高冰镍而非镍铁，在此将不过多展开阐述。

镍铁的冶炼原理是采用高炉(BF)或者回转窑-电炉(RKEF)进行还原熔炼，生产出镍生铁，不同的冶炼方法生产出的镍生铁品位不同。

低镍生铁：低镍生铁的冶炼方法为高炉冶炼法(BF)。高炉生产镍铁的主要流程为：矿石干燥筛分(大块破碎)—配料—烧结—烧结矿加焦炭块及熔剂(英石)入高炉熔炼—镍铁水铸锭和熔渣水淬—产出镍铁锭和水淬渣。

中高镍生铁：中高镍生铁主要的冶炼方法为回转窑-电炉冶炼法(RKEF)。RKEF 工艺流程为：矿石配料—回转窑干燥—回转窑焙烧—电炉熔炼粗镍铁—LF 炉精炼(或机械搅拌脱硫)—精制镍铁水淬—产出合格镍铁粒。

因此，红土镍矿冶炼工艺主要分为湿法冶炼和火法冶炼两类，但两种工艺处理的红土镍矿石有很大区别。湿法冶炼工艺适合处理褐铁矿层的矿石，也称为氧化物型矿石，这种矿石位于红土层上部，铁含量高、镍含量低、硅、镁含量较低，钴含量较高。火法冶炼工艺适合处理腐泥土层的矿石，也称为硅酸盐型矿石，这种矿石位于红土层下部，硅、镁含量较高，铁、钴含量较低，镍含量较高。红土镍矿的矿层特点、化学成分及矿层处理工艺见表 6-4，红土镍矿处理工艺对比见表 6-5。

表 6-4　红土镍矿的矿层特点、化学成分及矿层处理工艺选择

矿层名称	矿层特点	主要化学成分/%						矿层处理工艺
		Ni	Co	Fe	Cr_2O_3	MgO	SiO_2	
赤铁矿层(铁帽)	高铁低镍	<0.8	<0.1	>50	>1	<0.5	—	弃置堆存
褐铁矿层	高铁低镁	0.8~1.5	0.1~0.2	40~50	2~5	0.5~~5	0~10	湿法冶金
过渡矿层	—	1.5~1.8	0.02~0.1	25~40	1~2	5~15	10~30	火法冶金或湿法冶金

续表6-4

矿层名称	矿层特点	主要化学成分/%						矿层处理工艺
		Ni	Co	Fe	Cr_2O_3	MgO	SiO_2	
腐泥土矿层	低铁高镁	1.8~3.0	0.02~0.1	10~25	1~2	15~35	30~50	火法冶金
原生橄榄岩	—	0.25	0.01~0.02	5	0.2~1	35~45	—	未开采

表 6-5　红土镍矿处理工艺对比

项目	火法冶炼工艺		湿法冶炼工艺		
	镍铁工艺	还原造锍	加压酸浸(HPAL)	氨浸(Caron)	堆浸(AHL)
适合处理的物料要求	含镍 1.7%以上，高镁低钴	含镍 2.2%以上，铁镍比>6、硅镁比=1.8~2.2	含镍>1.3%，含镁<4%，含铝也不能太高	含镍>1.3%，含镁<9%	矿石硬度大，渗透性好
1 kg 镍能耗/(kW·h)	35~42	57~60(生产金属镍)	31~35	62~84	能耗低
镍回收率/%	90~95	70~85	88~90	75~80	65~68
钴回收率/%	0	20	87~89	40~60	—
工艺复杂程度	简单	较简单	复杂	复杂	简单
最终产品	镍铁	镍冰铜或镍金属	镍钴硫化物、金属或氧化物	镍钴氧化物、镍粉、钴粉	镍钴硫化物，金属或氧化物

目前全球在利用红土镍资源过程中，逐步形成氨浸、酸浸(常压、加压)及直接火法冶炼镍铁三大工艺流程，最佳工艺流程的选用取决于矿石类型和矿石质量，不同的冶炼工艺对矿石质量有不同的要求。

火法冶炼红土镍矿用来生产镍铁，要求原料镍品位大于 1.5%，无法回收钴，但是镍品位越高，成本越有优势。火法冶炼主要指回转窑-矿热炉镍铁(RKEF)工艺，此工艺技术成熟、节能环保，在镍铁冶炼领域占主导地位，产品镍铁可直接对接不锈钢行业，目前在建红土镍矿火法项目均采用此工艺。高炉含镍生铁冶炼工艺，镍品位相对较低，虽然在镍价处于高位时具有一定的经济效益，但属于落后污染淘汰工艺。

RKEF 还原硫化熔炼镍锍工艺总体过程与回转窑-矿热炉镍铁工艺相近，在回转窑预还原和电炉熔炼过程中加入硫化剂产出高镍锍，产品方式灵活，但由于生产成本高于传统硫化镍生产成本，仅有淡水河谷印度尼西亚索罗阿科冶炼厂在回转窑预还原和电炉熔炼过程引入硫元素生产高冰镍；埃赫曼新喀里多尼亚多尼安博冶炼厂先产出含镍20%～25%的镍铁产品，再用PS转炉将其硫化熔炼成高冰镍。

湿法冶炼红土镍矿用来生产镍冶炼中间产品氢氧化镍钴(MHP)和镍钴混合硫化物(MSP)，其中高压酸浸工艺运行成本低，金属回收率高，为主流工艺，目前已建、在建的红土镍矿湿法冶炼项目均采用高压酸浸工艺。常压浸出工艺的镍、钴浸出率低，运行成本高，属于淘汰工艺，很少有厂家采用此工艺，只有个别高压酸浸工厂为提高废酸的利用率，少量采用常压酸浸。还原焙烧—氨浸工艺属于火法-湿法联合工艺，工艺流程长、有价金属回收率低，特别是钴的回收率低，且能耗高、污染环境，目前仅有古巴切·格瓦拉采用此工艺生产含镍75%的烧结氧化亚镍。

综上所述，目前红土镍矿的开发工艺主要有火法和湿法两条路线，其中火法工艺主要采用回转窑焙烧—电炉还原工艺(简称“RKEF火法工艺”)，产品以镍铁为主；湿法工艺主要采用高压酸浸—镍钴沉淀工艺(简称“HPAL湿法工艺”)，该工艺的特点在于可以高效综合回收红土镍矿中的镍、钴等元素，产品既可以是镍、钴金属，也可以是镍和钴的硫酸盐，既适用于不锈钢产业，也可用于电动汽车产业。

6.3.1 火法工艺

火法工艺通常用来处理镁含量高(10%～35%)、镍品位较高(1.5%～3%)的蛇纹石型红土镍矿。现行火法工艺主要有回转窑干燥预还原—电炉熔炼法(RKEF)、鼓风炉硫化熔炼、大江山法和高炉还原熔炼法。火法工艺具有流程短、处理量大、能耗高等特点。

6.3.1.1 回转窑干燥预还原—电炉熔炼法(RKEF)

RKEF工艺是目前发展较快的红土镍矿处理工艺，其产能占世界镍铁产能的80%以上。RKEF工艺由法国Elkem公司开发，1957年首先应用于新喀里多尼亚多尼安博冶炼厂，经过60多年的发展，RKEF工艺成熟、设备简单易控、生产效率高、镍回收率较高(约95%)、易于自动控制，且适于处理高、中品位红土镍矿。

RKEF 工艺的不足是需消耗大量冶金焦和电能、生产成本高、熔炼过程渣量过多、熔炼温度(1500 ℃左右)较高、有粉尘污染等。此外，矿石含镍品位的高低对火法冶炼工艺的生产成本影响较大，矿石镍品位每降低 0.1%，生产成本增加 3%~4%。我国镍铁冶炼工艺已经基本完成高炉工艺向电炉工艺的升级换代，同时传统的电炉工艺(烧结机—矿热炉)正逐步减少，而新型电炉工艺 RKEF(回转窑—矿热炉)成为主流工艺。

RKEF 工艺流程为：矿石配料—回转窑干燥—回转窑焙烧—电炉熔炼粗镍铁—LF 炉精炼(或机械搅拌脱硫)—精制镍铁水淬—产出合格镍铁粒。

矿石配料(配矿)：将不同矿区、不同类型、不同品位的红土镍矿与还原剂、熔剂按照一定的比例混合配矿。

回转窑干燥：以回转窑产生的热烟气和粉煤燃烧产生的高温烟气作为热源，将红土镍矿的含水量从 35%干燥至 22%。为了提高干燥机的热效率和降低干燥烟尘率，采用逆流式干燥工艺。干燥后的红土镍矿再经过破碎、配料进入回转窑焙烧。

回转窑焙烧：以粉煤为主燃料、电炉煤气为辅助燃料。根据工艺需要调整粉煤量和主烧嘴火焰形状以控制窑内的温度，通过调整燃料、工艺风的比例控制窑内的还原气氛，混合物料在窑内依次完成脱水干燥、焙烧和预还原。干燥区温度为 350~600 ℃，物料在干燥区脱除全部的自由水；焙烧区温度为 600~800 ℃，物料在焙烧区脱除大部分结晶水；预还原区温度为 800~1050 ℃，物料中的铁、镍、钴氧化物被部分还原，最终产出 750~850 ℃的焙砂。

电炉熔炼：熔炼所需的主要能量由电极提供，加入炉内的焙砂经电极加热熔化后，完成熔炼反应，随着熔炼过程的进行，炉顶仓内的焙砂由加料管连续补充到炉内。熔炼过程产出密度较大的镍铁合金，沉降于熔池下部，通过镍铁放出口排放后浇铸为镍铁锭；密度较小的炉渣处于熔池上部，通过炉渣放出口间断放出后进行水淬或形成干渣。熔炼温度为 1450~1500 ℃。

炉渣处理：炉渣处理采用水淬工艺，通过电炉放出口间断放出的熔融炉渣经溜槽水淬后流入渣池，再由抓斗起重机捞出，并由汽车运输至渣场堆存。放渣温度为 1550~1600 ℃。冲渣水经过沉淀、冷却后，返回水淬系统。

RKEF 工艺处理红土镍矿，具有工艺适应性强、流程简短、镍回收率高(90%~93%)等特点。其工艺流程如图 6-6 所示。

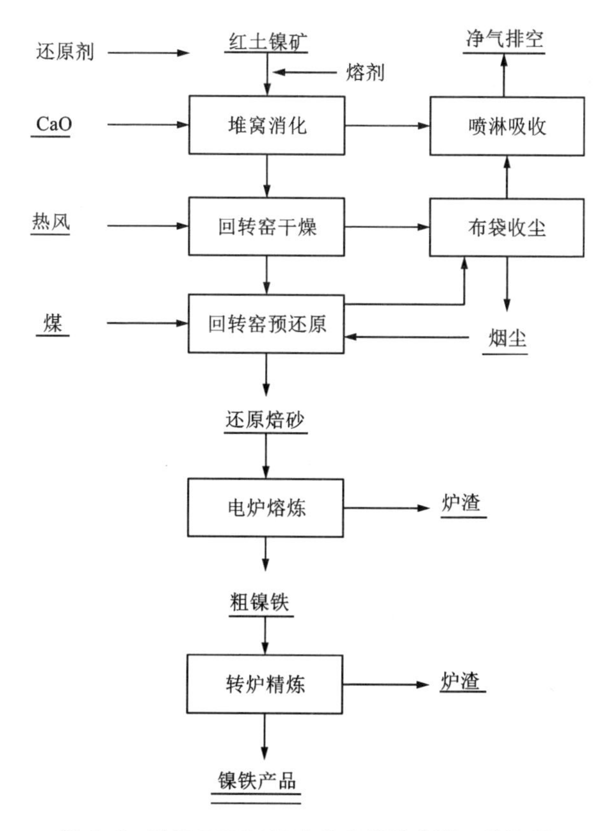

图6-6　采用RKEF工艺生产镍铁典型工艺流程

国外采用RKEF工艺生产镍铁的代表性项目如下。

法国埃赫曼新喀里多尼亚多尼安博(Doniambo)冶炼厂，始建于1885年，采用鼓风炉炼镍铁，1957年首次采用Elkem工艺(即RKEF工艺)生产镍铁，现有镍年产能6万t，其中80%为镍铁，主要生产Ni含量为20%~25%的镍铁产品(S、P、C、Si含量小于0.02%，其余为Fe)；20%为高冰镍，从1972年开始生产，年产能1.5万t，高冰镍化学成分：Ni 78%，Co 2%，Cu 0.2%，Fe 3%，供给法国桑多维尔精炼厂生产电积镍和氯化镍。

巴西淡水河谷公司于2006年8月在帕拉(PARA)州开工建设奥卡普马(OncaPuma)镍铁项目，2010年6月投产两条线，该项目采用RKEF工艺处理红土镍矿(原矿Ni品位0.8%~3%)生产镍铁，由德玛克公司设计。项目配置2条Φ4.6 m×45 m干燥窑、2条Φ6 m×135 m回转窑、2台120000 kW矩形矿热炉(目前世界最大功率)，年产合金 22 万 t(品位 25%)，镍 5.2 万 t。

近年来，该法工业应用快速发展，尤其是中国产能扩张迅速，中国企业在海外兴建了大量的镍铁项目，如中色集团的缅甸达贡山(Tagaung Taung)镍铁项目、青山集团的印度尼西亚苏拉威西岛(Sulawesi)莫罗瓦利工业园镍铁项目、德龙镍业苏拉威西工业园镍铁项目、新兴铸管印度尼西亚 Obi 岛镍铁项目，金川 WP 镍铁项目、印度尼西亚韦达贝工业园等。

印尼青山莫罗瓦利工业园：2009 年 10 月 7 日，青山集团与印度尼西亚八星集团签署投资合作协议，合资设立印度尼西亚苏拉威西矿业投资有限公司(SMI)，并获得开采权。2012 年，青山钢铁有限公司投资建设青山工业园。截至 2021 年 6 月，青山集团共在莫罗瓦利工业园投产 36 条 RKEF 镍铁生产线(一期 20 条产能 33 MW，二期 16 条产能 42 MW)。青山集团与台湾华新丽华合资，共规划建设 9 条产能 48 MW 生产线，2021 年底投产 5 条。镍铁产品镍品位 11%~14%。

印尼青山韦达贝工业园：利用法国埃赫曼印度尼西亚 Wedabay 镍矿，探明镍矿储量 6 亿 t，镍储量 900 万 t。总规划电炉 24 台，2020 年已投产 12 台，2021 年投产剩余 12 台。

印尼德龙(/象屿)工业园：位于东南苏拉威西省，矿石由印尼 PTRKA 集团提供，项目一期于 2015 年开工，2017 年第一条生产线投产，2020 年一期 15 条产能 33 MW 的镍铁生产线全部投产。二期共规划 35 条产能 33 MW 的镍铁生产线，2020 年 4 月二期第 1 条线投产，截至 2021 年 5 月二期共投产 15 条线，之后继续投产剩余的 20 条线。三期规划还有 52 条产能为 33 MW 的镍铁生产线。

国内镍铁项目主要有青山集团的福建福安、广东阳江镍铁项目，德龙江苏响水、鑫海科技山东临沂、经安有色内蒙古奈曼旗等镍铁项目。

国内 RKEF 工艺处理红土镍矿近几年也向大型化发展。青山集团投资建设的福安鼎信镍铁公司，由中国恩菲工程技术有限公司设计，项目采用 2 条 Φ5 m×40 m 干燥窑、4 条 Φ4.8 m×100 m 还原窑、4 台 33000 kW 圆形矿热炉，于 2010 年 6 月投产，年产镍 2 万 t，是国内最早采用大型圆形矿热电炉生产镍铁的 RKEF 工艺的典范，并首创红土镍矿 RKEF 冶炼+AOD 炉双联法冶炼生产不锈钢技术，实现两次热送，与传统不锈钢冶炼工艺相比，每吨镍铁能耗减少约 30%，每吨不锈钢能耗减少 50%。青山集团广东广青金属科技有限公司镍项目，有 4 条 Φ5 m×40 m 干燥窑、4 条 Φ4.4 m×100 m 还原窑、4 台 33000 kW 圆形矿热炉，年产镍3万t，2012年投产。青山集团广东世纪青山镍业有限公司镍项目，有4条 Φ 5 m×45 m干燥窑、4条 Φ4.6 m×100 m还原窑、2台60000 kW圆形矿热炉，年产镍3万t，2013年投产。该工艺适合处理镁质硅酸盐型红土镍矿A型、中间型红土镍矿C1、C2型，且Ni品位>1.6%，最高达到1.8%。世界主要的红土镍铁RKEF工艺应用项目见表6-6。

表6-6　世界主要的红土镍矿RKEF工艺应用主要项目

分类	企业	项目名称	所属国家或地区	预计2021年末镍生产规模/万t	产品
海外镍企	埃赫曼	多尼安博	新喀里多尼亚	6.5	镍铁5、高冰镍1.5
	淡水河谷	奥卡普马	巴西	5.2	镍铁
	淡水河谷/住友金属	索罗阿科	印尼	8	高冰镍
	嘉能可/浦项	科尼安博	新喀里多尼亚	6	镍铁，还原用竖炉
	嘉能可	博纳阿	多米尼加	3.3	镍铁
	必和必拓	塞罗·马托萨	哥伦比亚	4.2	镍铁
	印尼安塔姆	波马拉	印尼	2.7	镍铁
		东哈马黑拉	印尼	3	镍铁
	费尼工业	费尼-马克	北马其顿	1.8	镍铁
	英美资源	巴罗·阿尔托	巴西	4.2	镍铁
		科德明	巴西	1.2	镍铁
		洛马	委内瑞拉	1.5	镍铁
	波布日斯克联合	波布日斯克	乌克兰	2	镍铁
	拉科矿冶	拉瑞姆纳	希腊	2.8	镍铁
	依萨巴尔	依萨巴尔	危地马拉	1.2	镍铁
	太平洋金属	八户	日本	4.4	镍铁
	住友金属	日向	日本	2.4	镍铁
	海外其他企业小计			10	镍铁
	海外镍企合计			70.4	

续表6-6

分类	企业	项目名称	所属国家或地区	预计2021年末镍生产规模/万t	产品
中资海外	青山集团	莫罗瓦利工业园	印尼	30	镍铁
	青山集团	莫罗瓦利工业园	印尼	3	高冰镍
	中色镍业	达贡山	缅甸	2.2	镍铁
	住友金属	日向	日本	2.5	镍铁
	华新丽华	莫罗瓦利工业园	印尼	3.6	镍铁
	青山集团/埃赫曼等	韦达贝工业园	印尼	24	镍铁
	德龙镍业/象屿集团	德龙工业园	印尼	30	镍铁
	新兴铸管	Obi 岛	印尼	2.4	镍铁
	金川集团	金川 WP	印尼	3	镍铁
	盛屯矿业/华友钴业	友山镍业		3.4	
	恒顺众升	工业园	印尼	8	镍铁
	中资其他企业小计			20	镍铁
	中资企业海外总计			132.1	
中国企业	鑫海科技	山东临沂		20	镍铁
	德龙镍业	江苏响水		12	镍铁
	青山鼎信镍业	福建福安		3	镍铁
	青山/广青金属	广东阳江		3	镍铁
	青山/菲律宾 PGMC	广东阳江		5	镍铁
	翌川金属科技	广东阳江		5	镍铁
	宿迁翔翔实业	江苏宿迁		2	镍铁
	唐山凯源实业	河北乐亭		5	镍铁
	福建联德企业	福建宁德		2	镍铁
	经安有色	内蒙古奈曼旗		12	镍铁
	营口宁丰集团	辽宁营口		2	镍铁
	中国其他企业小计			10	镍铁
	中国企业合计			81	

建成投产在建、规划中的中资印度尼西亚RKEF镍铁项目主要有：新兴铸管4条产能33 MW生产线，金川WP 4条产能33 MW生产线，青岛中程4条产能33 MW生产线，万象协鑫4条产能36 MW+8条产能42 MW生产线，普阳钢铁8条产能33 MW生产线，华迪镍业2条产能6.5 MW+6条产能36 MW生产线，鑫海科技4条产能46 MW生产线，中国泛太平洋4条产能42 MW生产线。

淡水河谷印度尼西亚分公司索罗阿科冶炼厂在回转窑预还原和电炉熔炼过程中引入硫，将镍钴转化为高冰镍(含Ni 78%、Co 1%、S 20%)，现产能为Ni 8万t/年。而埃赫曼新喀里多尼亚多尼安博冶炼厂采用RKEF工艺产出镍铁(含Ni 20%~25%)，再用顶吹转炉加硫冶炼高冰镍，高冰镍产能为Ni 1.2万t/年；采用该工艺路线的还有：青山集团印度尼西亚印尼青山工业园(索罗阿科)高冰镍项目，产能为Ni 7.5万t/年；盛屯矿业印度尼西亚韦达贝工业园项目，产能为3.4万t/年；华友钴业在建产能为4.5万t/年的高冰镍项目。埃赫曼、巴斯夫以及印度尼西亚个别企业均有意向建设高冰镍项目。

淡水河谷印度尼西亚分公司(PTVI)索罗阿科(Soroako)冶炼厂概况如下。

该冶炼厂原料来自厂区附近的索罗阿科矿，该矿山矿石分为两种类型，即西部矿区型，矿石组分(筛下矿石，50 mm)：含Ni 2.3%，Fe 18.6%，SiO_2 39%，MgO 17%；东部矿区型，矿石组分(全部原矿石)：含Ni 1.89%，Fe 15.9%，SiO_2 35%，MgO 24%。1978年投产，冶炼厂生产设备连接如图6-7所示，生产工艺流程如图6-8所示。

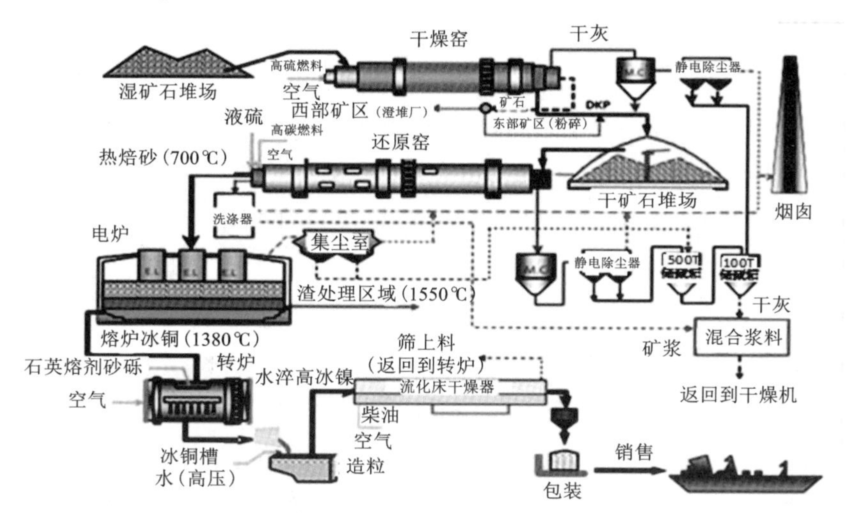

图6-7　印度尼西亚索罗阿科冶炼厂生产设备连接图

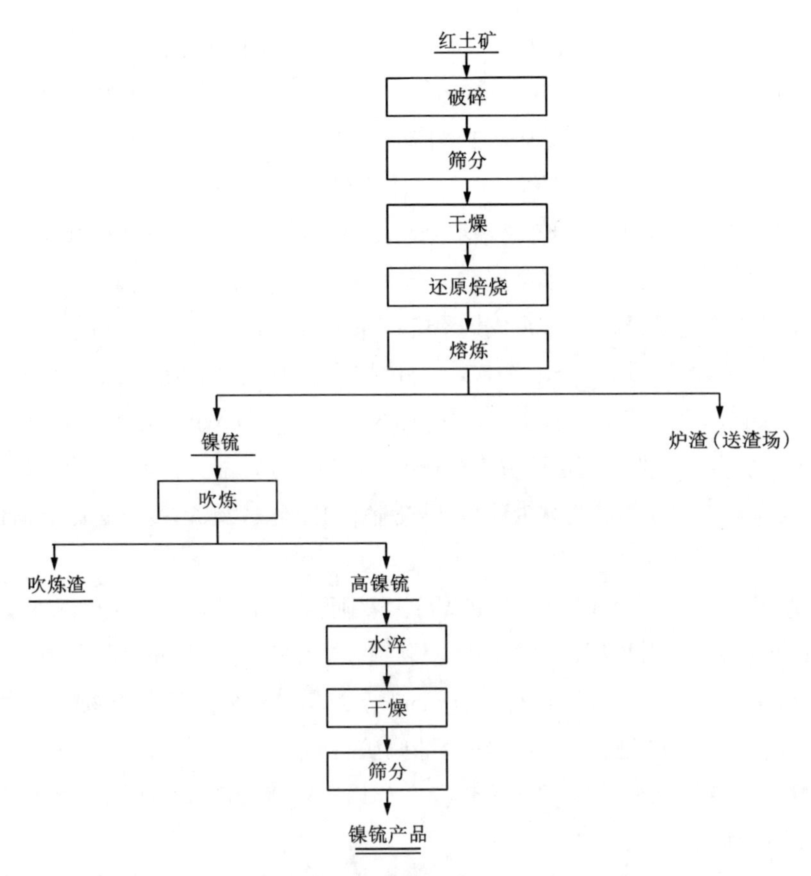

图 6-8　印度尼西亚索罗阿科冶炼厂生产工艺流程

该厂使用了全套废物再加工回收系统，符合印度尼西亚废弃物排放标准，系统采用的主要措施有：①安装了窑废气涤气机，减轻了废气污染；②采用焙烧炉、提高了硫的回收率；③安装了一台烟尘浓度光学分析仪，从而提高了燃烧控制的灵敏度，降低了烟尘损失，提高了燃烧效率，减少了湿料溜槽堵塞现象，使整个工作环境有所改善；④改月牙形提料器为帐篷形和水桶形提料器，从而延长了提料器的使用寿命，提高了干燥机的产量和燃烧效率；⑤在洗涤系统中安装了一台浓密机，减少了烟气和烟尘处理系统需要的劳动力，从而提高了处理效率，并达到节能和减少烟尘损失的目的；⑥以煤代替燃油降低燃油消耗；⑦开采区域回填后进行再绿化，不减少当地的绿地面积；⑧改造了原有的三台回转窑，并新增两台回转窑，能源消耗比初投产时降低了 15%。

截至2020年底，淡水河谷拥有PTVI 44.3%的股份(其中淡水河谷加拿大有限公司拥有PTVI 43.8%的股份，淡水河谷日本有限公司拥有PTVI 0.5%的股份)，SMM拥有PTVI 15%的股份，印度尼西亚PT Indonesia Asahan Aluminium(Inalum)拥有PTVI 20%的股份，其他印尼矿业公司合计占10.3%的股份。

产品高冰镍含Ni 78%、Co 1%、S 20%。80%的产品归淡水河谷，送淡水河谷英国克莱达奇生产羰基镍，或送日本松阪、中国高雄、韩国光山、中国大连生产通用镍(Ni含量92%~98%)。20%的产品归住友金属，送住友公司的新居滨镍厂生产电解镍，或八藩冶炼厂生产硫酸镍。

埃赫曼新喀里多尼亚多尼安博(Doniambo)冶炼厂概况如下。

该厂原料主要来自新喀里多尼亚岛的几个红土镍矿床，矿石含(Ni+Co) 2.3%~2.8%、Fe 14%~20%、SiO_2 32%~37%、MgO 20%~24%、$A1_2O_3$ 3%。该厂1972年使用两段硫化法在转炉中局部硫化镍铁制取高冰镍，具体工艺为向60 t卧式转炉内吹入硫和空气预精炼脱硅脱碳，从而产出含S 8%~10%的金属化冰铜。第二段采用俄罗斯乌拉尔镍厂的传统工艺在20 t卧式转炉内进行高冰镍的吹炼。

高冰镍成分为：Ni 75%、Co 1%、Cu 0.2%、Fe 1%、S 23%。该厂主要生产镍铁，占总产量的80%，其余为高冰镍。高冰镍送法国桑多维尔镍精炼厂生产高纯镍、镍盐和钴盐。

主要设备：回转窑(长32 m和95 m)共11台；电炉(Φ11 m，10500 kW)8台，(33000 kW)3台；戴玛克矩形炉(炉床面积430 m^2，功率48000 kW，单位功率72 kW/m^2)3台；立式侧吹转炉(11 t)5台。

青山集团印尼高冰镍项目概况如下：

青山控股实业投资8.5亿美元在印度尼西亚青山工业园建成3万t金属镍量高冰镍项目，在建4.5万t，合计7.5万t，主要供应华友钴业、中伟股份。目前，印度尼西亚青山工业园的高冰镍产线将改造镍铁产线，在RKEF镍铁冶炼工艺的基础上，加入含硫料后在转炉吹炼，得到高冰镍产品，主要流程如下：红土镍矿—RKEF—高镍铁—加入含硫料后再在转炉吹炼高冰镍。

华友钴业印度尼西亚高冰镍项目概况如下。

华科高冰镍项目位于WedaBay工业园，控股股东为华友钴业(70%)，30%股份由青山集团旗下公司持有。该项目投资额约5.2亿美元，设计年镍矿处理量约

41 亿湿吨，采用回转窑干燥—回转窑预还原焙烧—电炉还原熔炼—PS 转炉硫化吹炼火法工艺生产高冰镍，产能 4.5 万 t，建设周期 2 年。本项目的镍产品经精炼加工后将主要用作公司三元前驱体的生产原料。本项目由中国恩菲负责总体设计。中国恩菲在镍冶炼行业有着丰富的火法和湿法项目设计经验，其工程设计能力和项目经验有望为华科高冰镍项目的顺利推进提供保障。

6.3.1.2 烧结—鼓风炉硫化熔炼工艺

鼓风炉是竖炉的一种，由炉顶、炉身、炉缸或本床组成。炼铁鼓风炉通称高炉；鼓风炉则一般指有色金属的熔炼竖炉。

目前仍然采用烧结—鼓风炉硫化熔炼生产低冰镍的代表企业为俄罗斯乌法列伊镍公司，设计产能 1.2 万 t/年，红土镍矿（镍品位 0.76%~1.0%）与石灰石、硫铁矿、含镍废料、煤粉、焦炭粉进行配料，之后烘干、筛分，粒度>6 mm 的直接进鼓风炉，粒度<6 mm 的进行烧结制团，鼓风炉硫化产出低冰镍，再用转炉将低冰镍吹炼成高冰镍，高冰镍经沸腾焙烧和氧化焙烧除硫和铜后，送电炉还原成含镍 96.7%~98.6%的镍粒，镍产品供不锈钢生产。转炉渣经贫化电炉熔炼产出钴冰铜，再经硫酸酸溶后过滤，之后对滤液净化除杂，使镍钴分离，氢氧化钴经电炉还原熔炼生产钴锭，滤液回收镍。俄罗斯奥尔斯克镍厂也曾采用该工艺，设计镍粒+电镍产能 1.2 万 t/年，硫酸镍 1 万 t/年，其他产品还有硫酸铜、氢氧化镍和钴锭，目前已停产。

历史上，埃赫曼新喀里多尼亚多尼安博冶炼厂在 1875—1972 年以红土镍矿为原料，采用鼓风炉硫化熔炼制取高冰镍。硫化熔炼在鼓风炉中进行，熔炼前红土镍矿需经过干燥、制团或烧结（约 1100 ℃）。红土镍矿在鼓风炉硫化熔炼时，需配入含硫物料作为硫化剂，如黄铁矿、石膏等。其中石膏因为不含铁，且所含的 CaO 还可充当熔剂，成为最常用的硫化剂。由矿石、焦炭、石膏和石灰石组成的混合料在鼓风炉中与上行的热还原气体（1300~1400 ℃）形成对流，经换热、还原、熔化，产出低镍锍（8%~15%）和炉渣（Ni 含量<0.15%，Co 含量<0.02%）。镍、铁硫化物组成的低镍锍再经转炉吹炼产出高冰镍（Ni 含量+Co 含量≥78%），硫的质量分数为 19.5%，全流程镍回收率为 70%~90%。由于鼓风炉熔炼需消耗大量的焦炭，生产成本高，已经被 RKEF 工艺淘汰。鼓风炉硫化熔炼生产高冰镍工艺流程如图 6-9 所示。

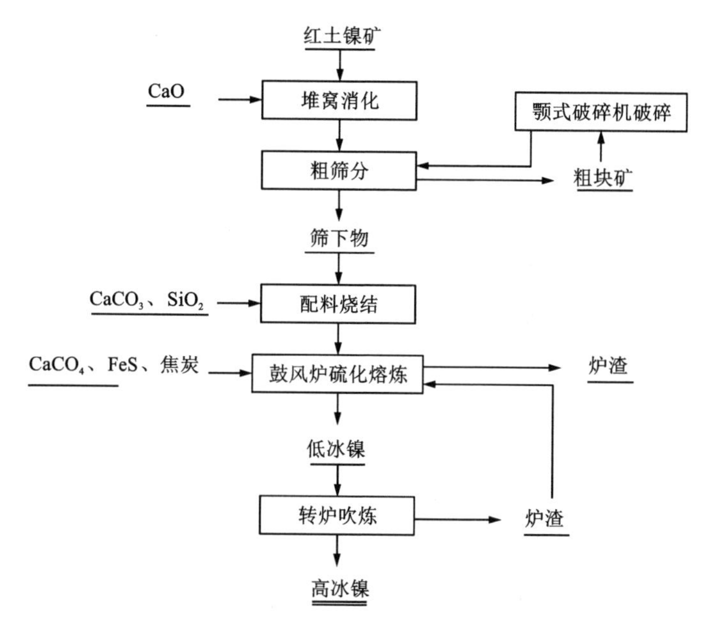

图 6-9　烧结-鼓风炉硫化熔炼生产高冰镍工艺流程

6.3.1.3 冷料入炉"烧结机-矿热炉"镍铁工艺

红土镍矿与石灰石、煤粉、焦炭粉进行配料，用烧结机烧结制团，采用电炉冶炼生产镍铁。

由于焦炭涨价，且用户对镍铁的含镍量要求高，国内建设了一些用烧结机生产红土镍矿烧结矿、冷却后入矿热炉冶炼镍铁的工厂。该工艺不用焦炭，原料适应性比小高炉好，产品镍含量更高，但仍存在能耗高、效率低的缺陷。吨金属镍生产能耗是 RKEF 工艺的 2 倍多，原因在于"烧结机-矿热炉"镍铁工艺无法为矿热炉提供预还原的高温料。

6.3.1.4 回转窑还原-磁选工艺(大江山工艺)

该法是将磨细的红土镍矿与石灰石、煤粉、焦粉均匀混合后制成球团送入回转窑，球团料在高温(约 1350 ℃)半熔融状态下还原焙烧；焙砂水淬后跳汰重选，产出含镍量大于 15%的镍铁球粒生产不锈钢，重选尾矿再经球磨后磁选回收残余的微细粒镍铁合金后外排，高含杂的镍铁精矿返回还原焙烧球团工序。

1952 年，日本大江山冶炼厂以从印度尼西亚、菲律宾进口的蛇纹石型红土镍矿为原料，采用回转窑还原焙烧—磁选工艺生产镍铁，并在 20 世纪 80 年代实现成熟应用，该工艺流程被称为大江山工艺，又称克鲁帕-雷恩法(Krupp-Renn)，工艺流程图如图 6-10 所示。

大江山工艺是公认的处理蛇纹石型红土镍矿最为经济的方法。与 RKEF 工艺相比，大江山工艺不使用昂贵的焦炭；同等规模下的设备装机不到 RKEF 工艺的 40%，投资也不到 RKEF 工艺的 50%，但在回转窑内进行半熔融还原焙烧，易引起窑内结圈，导致作业率低(70%)、耐火材料消耗大等问题，日本大江山冶炼厂经历了数十年的探索和实践，最终通过一整套非常严格的焙烧温度控制措施，较好地解决了回转窑的结圈问题。

由于种种原因，日本大江山冶炼厂目前已经停产。国内以北海承德镍业股份有限公司为代表的厂家采用该技术，并结合 RKEF 工艺生产镍铁，目前生产正常，但半熔融物料在回转窑内的结圈控制及解决方法，一直是困扰企业的技术难题。有研究机构为解决回转窑的结圈问题，提出了非熔融态下(750~1250 ℃)金属化还原焙烧—磁选生产镍铁精矿的工艺。

6.3.1.5 高炉还原熔炼工艺

红土镍矿与石灰石、煤粉、焦粉混合烧结制团，烧结矿与焦炭、熔剂从高炉炉顶加入炉中，炉料下降过程中与上升的热空气和焦炭燃烧产生的热还原气体形成对流，从而实现炉料的干燥、预热、脱水、还原渣-镍分离等，铁全部被还原，生产出低镍铁。

早在 18 世纪 70 年代，新喀里多尼亚就采用小高炉熔炼处理蛇纹石型红土镍矿生产镍铁合金。后来欧洲一些国家也尝试应用这种工艺，但终因焦炭消耗量大、成本高、环境污染严重而为人诟病。最终该工艺在市场竞争和环保压力下停止使用，1985 年日本矿业公司佐贺关冶炼厂的最后一座镍铁高炉熄火，标志着鼓风炉冶炼镍铁技术在欧美、日本等发达国家寿终正寝。高炉工艺可以生产含镍量 2%~8%的中、低品位的镍铁产品。

2007 年以来，随着我国对钢铁行业进行产业调整，大量 360 m^3 以下的炼铁高炉被淘汰。但受同时期国内不锈钢生产用镍紧张及 2005 年以来镍价大幅攀升的刺激，国内许多被淘汰的小高炉又被用来处理含铁量大于 40%、含镍量大于 1%的褐铁型红土镍矿，生产含镍量 2%~4%的含镍生铁或不锈钢基料；后又进一步发展

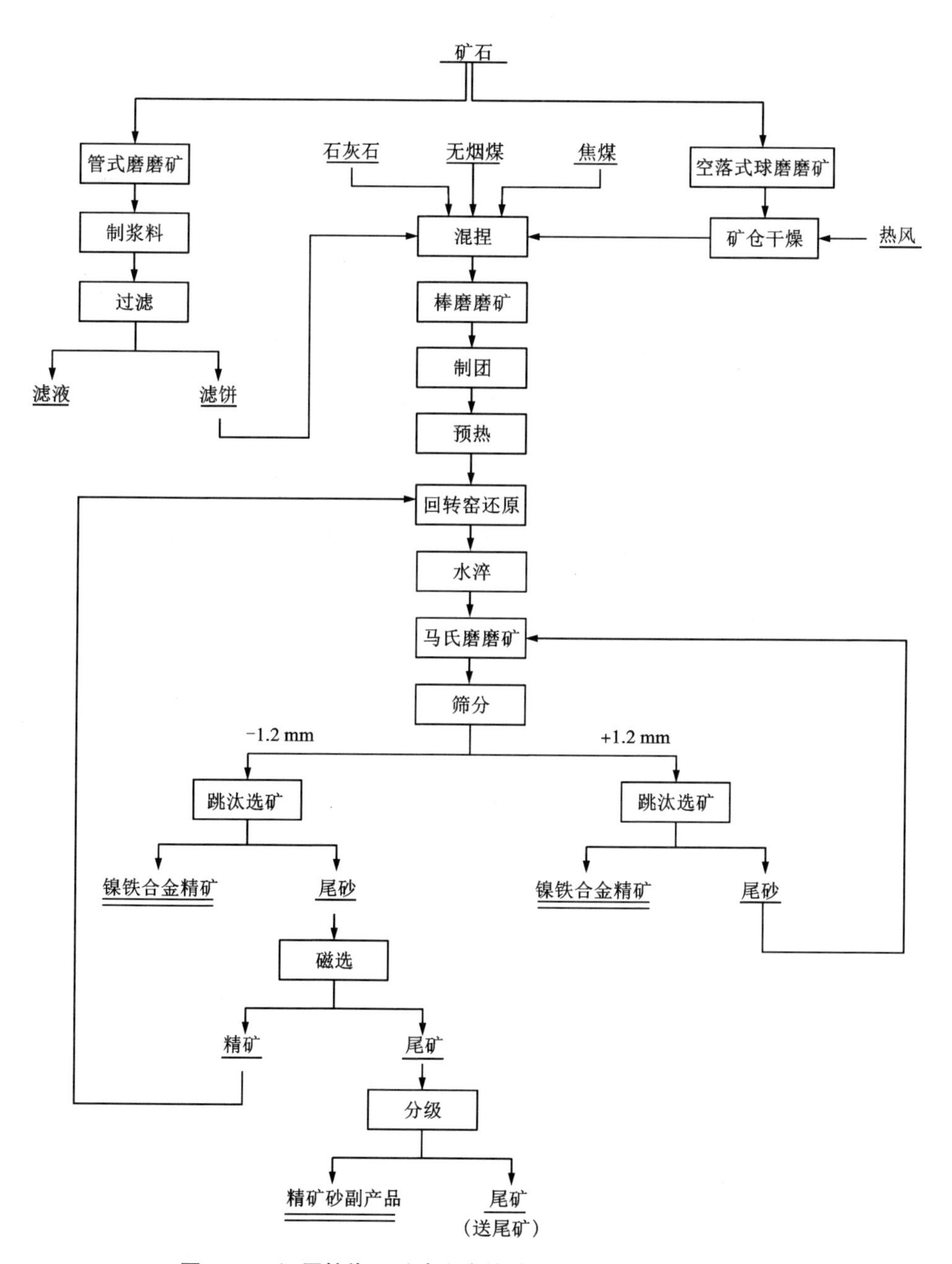

图 6−10 还原焙烧—磁选生产镍铁工艺(大江山工艺)流程

至处理含镍量大于1.5%的红土镍矿，生产含镍量4%~8%的中镍铁和含镍量大于8%的高镍铁。在高镍价、低价焦炭、低环保的条件下，部分投资者利用钢铁产业政策淘汰的炼铁高炉冶炼镍铁，获得暴利。但随着焦炭价位回归合理、镍价下跌和环保政策落实，目前高炉镍铁厂大部分已停产。高炉还原熔炼法不存在设备投资及技术风险，但由于红土镍矿中铁含量低、SiO_2 和 MgO 含量较高，高炉体积利用率低、焦炭消耗量大、烧结污染严重，加之镍生铁中所含的铁不计价及2009年后镍价持续低迷等，高炉还原熔炼法的经济性每况愈下，现已被国家列入淘汰类技术。

在中国，受环保政策限制，300 m^3 以下的炼镍铁高炉属于淘汰类工艺及装备。但是从实际操作来看，230 m^3 以下高炉更适用于规模化生产，但环保压力大，而230 m^3 以上的高炉在生产镍铁过程中操作难度大。

高炉冶炼镍铁工艺必将被淘汰的主要原因：

(1)原料适应性差、高炉生产率低、大型化工艺控制难。

该工艺适用于“高铁低镁(低镍)”红土镍矿，当红土镍矿含镍量为1.5%、含铁量为35%时可得到含镍量约4%的低镍生铁。如果用低铁高镁(高镍)矿，高炉渣量大、黏度大、炉况顺行难以保证。由于炉料强度低，只能采用小型高炉(矮高炉)生产镍铁。

(2)产品质量难以符合炼钢要求。

高炉含镍生铁品位低，一般为2%~8%，大多在5%以下，冶炼不锈钢时需要配合加入较多的镍板，这提高了单位原料镍的成本。

该工艺焦炭、熔剂的用量大，P、S大部分进入产品，镍铁品位低、S、P含量高，增加了不锈钢冶炼的负担。

(3)生产工艺不稳定。

镍铁的成分波动大，不易控制，难以大批量稳定供货。

(4)焦比高。

生产含镍量2%的镍铁时，每吨镍铁的焦炭消耗大于1.0 t；生产含镍量5%的镍铁时，每吨镍铁的焦炭消耗量约2.0 t。

(5)污染严重。

除去传统高炉污染，氟化物的污染更严重。为保持高炉顺行，必须加入萤石以提高炉渣流动性，萤石加入量占炉料总量的8%~15%，国内镍铁小高炉没有脱氟设备，氧化物全部放散到空气中，对人和环境伤害巨大。

中冶南方镍铁高炉冶炼工艺实践如下。

中冶南方从镍铁高炉技术经济指标的合理选择、原燃料质量指标的确定、高炉炉型、风口长度及角度、煤气流分布、设备配置等方面进行技术攻关，开发出了适应镍铁生产的大型镍铁高炉新技术，镍铁高炉的容积由传统的300 m^3 提高到580 m^3。在平安鑫海科技、印尼青山莫罗瓦利得到推广利用。

镍铁高炉冶炼普遍采用全红土镍矿烧结矿入炉炉料结构，生产含镍铁水。该工艺的主要工序为：红土镍矿—矿石加生石灰/干燥窑脱水—烧结造块—高炉配料—高炉冶炼—含镍铁水—不锈钢精炼。该工艺难点在于烧结矿强度低、成分波动大、气孔壁薄、品位低、铝含量高、渣量大、软熔区间宽、铁水流动性差。与传统高炉冶炼相比，镍铁高炉冶炼有着自身的核心工艺及控制技术。

(1)红土镍矿脱水及造块。红土镍矿普遍含水量为30%~40%，黏性非常大，直接影响红土镍矿的输送、配料及烧结矿的质量，所以，烧结工序前需要对原矿进行脱水预处理。部分钢企采用生石灰拌矿混匀，利用生石灰的吸湿性及放热性达到脱水干燥的目的，预热后的红土镍矿在干燥窑脱水，并在后续的烧结过程中作为熔剂添加剂继续发挥作用。生石灰脱水一般需要加入5%~20%、纯度90%以上生石灰，焖矿、翻矿时间为10~15天。脱水后的红土镍矿含水量为20%~25%，经过烧结配料仓配料、一混、二混处理后进入烧结机焙烧造块。

(2)烧结。采用干燥窑脱水处理后，烧结矿质量得到一定的改善，成品率提高到70%以上，但较普通烧结矿质量还有一定差距。由于红土镍矿自身的特殊性及处理的技术难度，其烧结矿强度往往较普碳钢烧结矿要低，且成品率低、低温还原粉化率高，造成原料结构的适应性和料柱透气性变差，如果采用多环布料，容易造成悬料。高炉容积越大，料柱越高，透气性越差，越不适合采用多环布料。因此，镍铁高炉适宜于采用单环布料，以发展中心气流为主，适当发展边缘气流，并配以合适的鼓风动能，稳定高炉煤气流，改善料柱透气性，保证镍铁高炉顺行。

(3)热制度。热制度的中心思想是维持高炉内热量充沛，保证炉内温度稳定。对于小高炉而言，控制好物理热就能很大程度上保证高炉顺行。根据红土镍矿烧结矿的质量特性，铁水中硅含量宜控制在0.8%~1.3%，熔炼温度宜控制在1500 ℃以上，确保炉缸物理热，也为镍、铬的充分还原创造有利条件；送风制度采用较高风速和稳定的鼓风动能，以便形成合理的风口回旋区，保证初始煤气流充分深入炉缸中心部位，这样既可吹透中心死料柱，又增强了炉缸中心的透液性，可以全面活跃炉缸，从而维持高炉稳定顺行。

(4)造渣制度。镍铁高炉冶炼中，合理的造渣制度能有效降低红土镍矿冶炼成本。由于红土镍矿成分较为特殊，MgO 和结晶水含量较高，冶炼时渣量过大，达到1.5~4 t/t 矿物，甚至更高，导致炉缸内炉渣的高度远大于铁水的高度，风口区焦炭燃烧产生的热量难以有效传递到炉缸下部，从而导致高炉软熔带位置偏上，炉料的透气性恶化，能耗偏高，铁水流动性差。若不及时排净渣铁，容易造成憋压、悬料，给冶炼带来一定难度。一般通过添加 CaO 和 SiO_2 的方法将炉渣碱度调节至0.6~1.0，炉渣温度控制在 1500~1600 ℃。对于铁水流动性差的难题，应尽量减少萤石的使用量及使用次数，可通过加大鼓风动能、提高物理热的方式有效降低炉渣黏度，确保高炉冶炼顺行。

(5)炉型设计。由于镍铁高炉冶炼用红土镍矿含水量大、镍矿烧结矿的特殊性，以及镍铁高炉渣量大、能耗高、铁水流动性差等特性对镍铁高炉冶炼炉型影响很大，因此进行镍铁高炉炉型设计时，需注意以下方面：

①镍铁高炉烧结矿质量差、渣量大，软熔带位置偏上、软熔区间宽，料柱透气性差，宜采用矮胖型炉型。②镍铁高炉宜采用大炉缸直径。通过扩大炉缸截面积，降低炉渣高度并使炉缸内渣层厚度保持在合理范围内，以有效改善炉缸透液性，提高铁水流动性。③适当扩大炉腰直径、减小炉腹角度和炉身角度，以改善料柱透气性，降低煤气流速，减少烧结矿低温还原粉化及煤气流对炉衬和渣皮的摩擦，延长炉腹寿命。④风口角度下斜 6°~7°，适当加长风口长度。相较普碳钢高炉，本设计中风口更偏向炉缸及中心，能最大限度吹透中心死料柱，增强炉缸中心的透液性，确保铁水流动性。⑤随着镍铁高炉的大型化、无料钟设备及高顶压的使用，新建镍铁高炉不设计渣口，改造后的镍铁小高炉从安全及提产的角度考虑，绝大部分取消了渣口。⑥选择合适的冷却设备及砖衬结构。镍铁高炉煤气分布特点是边缘气流容易发散，冶炼渣量大，对炉身下部、炉腰、炉腹及炉底炉缸的耐材冲刷侵蚀较普碳钢高炉严重。因此，选择合适的冷却设备及抗冲刷侵蚀强的耐材，有助于延长高炉的使用寿命；使用优质碳砖产品，配合刚玉质陶瓷杯结构，可满足高炉 15 年以上使用寿命的要求。

(6)节能环保技术。一罐到底铁水运输：将含镍铁水通过加盖铁水罐车直送到 AOD 炉兑铁水冶炼。该工艺具有减少铁水温降、降低能源消耗、缩短工艺流程、简化生产作业流程等优点，可有效降低污染、保护环境。高炉煤气综合利用：镍铁高炉冶炼焦比高、能耗大，高炉煤气热值、吨铁的煤气量都明显高于普碳钢高炉，煤气综合利用是镍铁高炉节能环保技术的重点。通过 BPRT 或 TRT 回收镍铁高炉煤气余压，富余煤气可用于热风炉烧炉、煤粉干燥、红土镍矿干燥、烧结矿焙烧及煤气发电。环境除尘：矿焦槽除尘系统捕集除尘灰，并经气力输灰将其送至烧结配料室重新回收，大幅提高原燃料的利用率。出铁场除尘系统采用中冶南方炉前除尘综合技术，完善管系技术细节，优化设备参数及系统控制，取得了良好的控尘和集尘效果，改善了炉前操作环境。

中资印度尼西亚高炉镍铁项目主要有：振石东特4条80 m^3 生产线、金麟镍业1条80 m^3 生产线、新华联4条80 m^3 生产线、中国明辉1条128 m^3 生产线等。

6.3.1.6 镍铁生产成本核算

(1)红土镍矿：冶炼高镍铁的主要原料，业内主要使用含镍量为0.9%～1.0%、1.4%～1.6%、1.9%～2.0%的三种红土镍矿，本书选取相对含镍量稍高的1.9%～2.0%的红土镍矿作为计算对象(以中间值1.95%进行核算)，另外红土镍矿含结晶水和吸附水合计约30%，也就是干矿占比为70%。要生产的高镍铁含镍量为10%～15%，理论计算以中间值12.5%作为核算值，假设每吨镍铁产品需湿红土镍矿量为 X，$X \times 1.95\% \times 70\% = 12.5\%$，算得 X 为9.16，即每吨镍铬铁产品所需湿红土镍矿为9.16 t。当1.9%～2.0%的红土镍矿价格为380～450元/湿t时，吨产品红土镍矿的成本为415·9.16=3801元/t。

(2)电力成本：即冶炼高镍铁的主要能耗成本，按每吨干红土镍矿需要700 kW·h电力进行计算，每吨产品电耗为：9.16×70%×700=4488 kW·h/t。按照工业用电电价约0.65元/(kW·h)进行计算，每吨产品需要的电费为0.65·4488=2917元/t。

(3)各种燃料消耗：生产1 t镍铁产品需要用煤约1 t，成本为720元/t。

(4)还原焦：红土镍矿中，镍在镍矿中以NiO的形式存在，采用选择性还原工艺，合理使用还原剂，按还原顺序NiO、Fe_2O_3 进行还原，还原过程的化学方程式为：

$$NiO+C \xlongequal{} Ni+CO\uparrow$$

根据化学方程式计算，还原镍需要用炭25 kg。

$$Fe_2O_3+3C \xlongequal{} 2Fe+3CO\uparrow$$

根据化学方程式计算，还原铁需要用炭273 kg。

焦炭的成分中，80%为固定碳，考虑到焦炭的利用率约为90%，因此，还原剂中所需焦炭为450 kg，成本为750元。

(5)熔剂：每吨产品消耗石灰1.9 t，成本约为760元。

(6)电极糊，精炼气/剂：每吨产品消耗电极糊 40 kg，费用为 80 元；精炼气/剂每吨 150 元。

(7)工资：每吨产品需工资 200 元。

(8)折旧费及维护费用：每吨需 2100 元。

综合以上八类成本，总的生产成本为：

3801+2917+720+750+760+80+150+200+2100 = 11478 元/t，折合每吨镍成本约为 11478/0.125 = 91824 元(高镍铁含镍量 10%～15%，理论计算以中间值 12.5%作为核算值)，折合成 LME 镍价约为 918×100/1.17/6.14 = 12779 美元/t(汇率按 1 美元=6.14 元人民币，下同)。

核算完 RKEF 工艺冶炼高镍铁生产成本后，我们来推算传统的电炉工艺(烧结机—矿热炉)冶炼高镍铁生产成本。RKEF(回转窑-矿热炉)镍铁生产技术因在回转窑内实现了预还原，在矿热炉中反应时，节省了矿热炉用电，将吨镍用电量由之前的 6500 kW·h/t 降低到 4488 kW·h/t，因此降低了镍铁生产成本，也就是说，传统的电炉工艺(烧结机-矿热炉)比 RKEF(回转窑—矿热炉)工艺成本高(6500−4488)×0.65=1308 元，折合成吨镍成本约为 1308/12.5 = 105 元，折合成 LME 镍价约为 105×100/1.17/6.14=1462 美元/t。这样就可以推算出传统的电炉工艺(烧结机—矿热炉)冶炼高镍铁生产成本为 11478+1308 = 12786 元/t，折合成吨镍成本约为 918+105 = 1023 元/镍点，折合成 LME 镍价约为 12779+1462 = 14241 美元/t。

通过上面的详细核算，基本可以知道当下中国传统的电炉工艺(烧结机—矿热炉)和新型的电炉工艺 RKEF(回转窑—矿热炉)冶炼镍铁的成本。

回转窑直接还原法是未来镍铁冶炼技术发展的方向，据悉，我国北海诚德和青山集团已经考虑购买相应设备和引进该工艺。回转窑直接还原法因熔炼的主要成本是煤，而不是电能，与矿热炉法相比电耗降低 60%～70%，因此回转窑直接还原法生产成本更低，初步估算回转窑直接还原法的电耗比 RKEF 成本低 1250 元/t，相当于 100 元/镍点，折合成 LME 镍价约为 100×100/1.17/6.14 = 1392 美元/t。回转窑直接还原法冶炼高镍铁生产成本为 11478−1250 = 10228 元/t，折合成吨镍成本约为 918−100 = 818 元/镍点，折合成 LME 镍价约为 12779−1392 = 11387 美元/t。

中国大部分(65%)镍铁的生产成本底线为 1023 元/t，当下最低 RKEF(25%)镍铁的生产成本底线为 918 元/t，未来最低的直接还原法冶炼高镍铁的生产成本为 818 元/t。

6.3.2　湿法工艺

红土镍矿湿法工艺主要为还原焙烧—氨浸工艺、常压和加压硫酸浸出。近年来，酸浸工艺的研究相对较多，主要出发点是在保证镍钴浸出率的前提下降低酸耗，其中具有代表性的工艺有两种：一是将加压酸浸与常压酸浸工艺相结合，提高酸利用率以降低酸耗，如 HPAL-AL 工艺；二是针对矿的特性，采用可再生浸出介质，实现降低酸耗和富集回收铁的目的，如硝酸加压浸出工艺。

6.3.2.1 还原焙烧—常压氨浸工艺

还原焙烧—常压氨浸工艺通常适合处理含铁量较高、含镍量 1%左右且镍赋存状态不太复杂的红土镍矿。其工艺流程主要包括还原焙烧、常压氨浸、氨回收和 NiO 烧结等工序，工艺中含镍氨浸液经蒸氨处理后得到碱式碳酸镍，之后煅烧得到 NiO；碱式碳酸镍也可酸溶，再经氢还原或电解生产金属镍。改进后的工艺是将红土镍矿破碎后加入少量黄铁矿（FeS_2）造粒，然后进行还原处理；还原后焙砂制浆，在常温常压条件下进行多段氨浸，浸出后矿浆液固分离；清液中的镍萃取后用稀硫酸反萃，得到的富镍液经电解处理得到电镍；电解后液可作为反萃液使用；留在萃余液中的三价钴用硫化沉淀法回收，沉钴后液则返回浸出工序。

还原焙烧—常压氨浸工艺是最早用来处理红土镍矿的湿法工艺，最初由 Caron 教授提出，又被称为 Caron 工艺，如图 6-11 所示。该工艺于 1944 年首先在古巴尼加罗冶炼厂得到工业应用，在此基础上稍作改进后，在印度苏金达厂、阿尔巴尼亚爱尔巴桑钢铁联合企业、斯洛伐克谢列德冶炼厂、菲律宾诺诺克镍厂、澳大利亚雅布鲁精炼厂、加拿大英可公司铜黄铁矿回收厂、古巴切·格瓦拉厂等相继实现工业化，目前仅古巴切·格瓦拉厂仍在运行。我国云南元江镍业公司和青海元石山镍铁矿厂也采用了还原焙烧—常压氨浸工艺处理红土镍矿，分别生产电解镍和硫酸镍，经过一段时期的正常生产，现均已停产。

该工艺适合处理镁、硅含量高的红土镍矿。首先对原料进行干燥和磨矿，在 600~700 ℃温度下还原煅烧，使镍、钴和部分铁还原成合金，之后逆流氨浸，利用镍与钴可形成络合物的特性，使镍、钴等有价金属进入浸出液，与杂质元素分离。浸出液通过蒸氨处理使母液中的镍形成碱式碳酸镍，煅烧后生产氧化镍，也可通过还原处理生产镍粉。该工艺的优点是工艺技术相对简单；缺点为全流程有价金属回收率偏低，镍的回收率为 70%~80%，钴的回收率为 40%~60%，工艺技

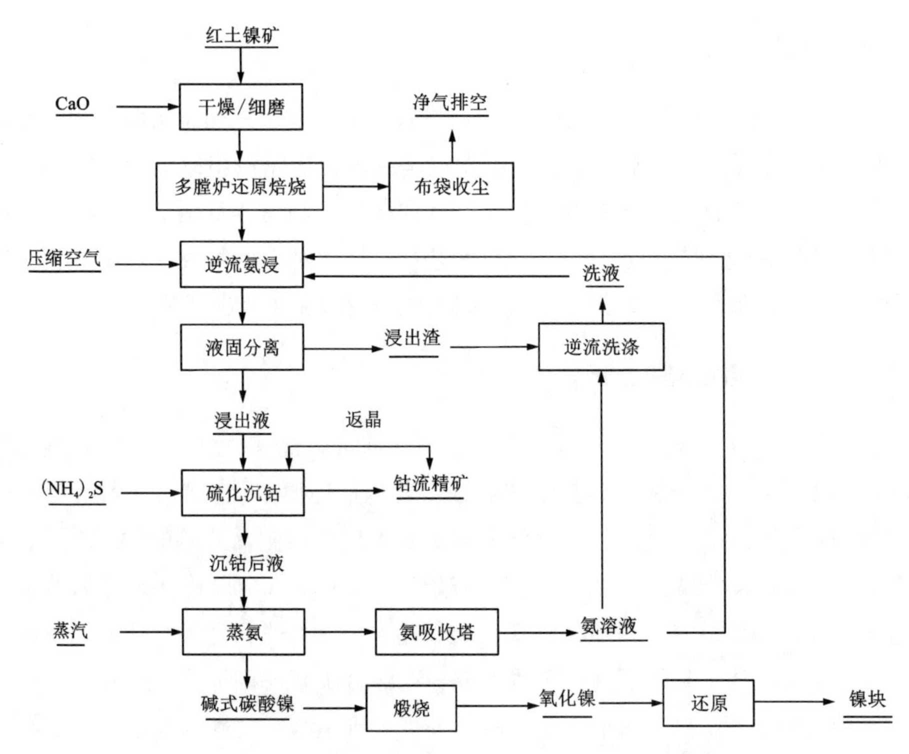

图 6-11　红土镍矿还原焙烧-常压氨浸工艺(Caron 工艺)流程

术经济性较差，同时由于矿石需要干燥、焙烧，能耗高，且对环境污染较大。

古巴切·格瓦拉镍冶炼厂于 1986 年投产，现产能为 2.6 万 t 镍/年。原料来自古巴奥尔金省尼加罗镍矿，主要矿物有针铁矿、绿高岭石、蒙脱石和硅镁镍矿，地质储量镍 140 万 t，钴 7 万 t，典型矿石成分：SiO_2 35.3%，Al_2O_3 1.39%，MgO 29%，Cr_2O_3 1.8%，Fe 12%，Ni 1.29%，Co 0.03%。

6.3.2.2 加压硫酸浸出工艺

加压硫酸浸出工艺是继还原焙烧—常压氨浸工艺后的又一种处理红土镍矿的湿法工艺，因其取消了高耗能的干燥、还原焙烧、氨回收等工序，且镍、钴浸出回收率较高而受到更多关注。加压硫酸浸出工艺可追溯到 20 世纪 50 年代，古巴毛阿湾冶炼厂(MOA)最早使用该法处理红土镍矿。

自 20 世纪 90 年代以来，新的卧式加压浸出釜在黄金冶炼企业普遍应用，以加压酸浸为主的红土镍矿处理技术也在更多的新建项目中使用。澳大利亚在

1997—1999 年相继建设了三家采用该技术的工厂：穆林穆林(Murrin Murrin)厂、布隆(Bu Long)厂和考斯(Cawse)厂。这三家冶炼厂虽因种种问题没能取得预期目标，但工艺主体是成功的。此外，澳大利亚必和必拓公司(BHPB)、巴西国有矿业公司(CVRD)、加拿大鹰桥公司(Falconbridge)等几家大公司也都进行了加压硫酸浸出技术的开发。

加压硫酸浸出工艺适合处理含 MgO<5%、含 Ni>1.0%、含铝较低的硅质红土镍矿。高压酸浸工艺控制反应温度为 240~270 ℃，反应压力为 4.1~5.6 MPa，反应时间为 1 h，在高温高压条件下，使红土镍矿与硫酸反应，矿物中镍、钴等金属和杂质元素一起溶解，同时伴随铁、铝的水解，再次进入浸出渣中，达到选择性浸出镍、钴的目的。浸出后矿浆经过预中和、连续逆流洗涤(CCD)产出浸出渣(堆存)和浸出液。浸出液经除杂和沉淀过程，产出氢氧化镍钴沉淀或硫化镍钴沉淀。镍钴富集物经再溶解、分离纯化后生产电解镍、硫酸镍及钴盐产品。该工艺的主要特点是技术成熟、能耗低，镍、钴金属回收率可达 90%，同时可以综合回收矿石中的钴金属，提高项目的经济效益。

加压硫酸浸出工艺存在几个弊端：

(1)浸出在高温高压条件下进行，对设备要求较高，投资较大；

(2)处理蛇纹石型红土镍矿和过渡层红土镍矿时，硫酸消耗量大，经济性差；

(3)浸出渣含硫量高，难被综合利用，需配套尾矿处理系统；

(4)硫酸钙、铝矾盐、铁矾盐导致高压釜结垢严重，需定期对其进行除垢处理，每年因除垢需要浪费 2~3 个月时间；

(5)运营费用较高。

红土镍矿加压酸浸产出氢氧化镍钴的项目有澳大利亚第一量子雷文斯索普(Ravensthorpe)、巴布亚新几内亚中冶瑞木、印度尼西亚力勤矿业 Obi 岛红土镍矿湿法冶炼项目等。格林美(莫罗瓦利 5 万 t)、华友钴业(莫罗瓦利分两期共 6 万 t，韦达贝 12 万 t)、青山实业(莫罗瓦利 10 万 t)、巴斯夫在建或拟建高压酸浸生产氢氧化镍钴项目。

澳大利亚第一量子 Ravensthorpe 项目概况如下。

澳大利亚第一量子 Ravensthorpe 项目位于西澳大利亚省，采用常压+加压酸浸工艺(EHPAL)，即褐铁矿采用加压酸浸、残积矿采用常压浸出—黄钾铁矾除铁—矿浆预中和—CCD 分离洗涤—溶液中和—MgO 沉镍工艺，生产混合氢氧化镍钴产品。雷文斯索普镍矿探明镍储量 125 万 t，平均镍品位 0.62%。设计规模为年产镍 3.5 万 t、钴 1400 t 的氢氧化镍钴产品。该项目由必和必拓投资 32 亿美元建设，2008 年进行短期试运行，2010 年 2 月以 3.4 亿美元的价格卖给加拿大第一量子公司，2011 年 11 月投产，年产量最高为 2013 年的 2.75 万 t，2018 年 10 月关停，2020 年 3 月重启。产品氢氧化镍钴中镍含量 48%，钴含量 4%。2021 年生产镍 2.3 万~2.7 万 t，2022 年生产镍 2.5 万~3 万 t，2023 年计划生产镍 2.7 万~3.2 万 t。

Ravensthorpe 项目年采矿量为 970 万~1200 万 t，选矿厂处理量为 1200 万 t/年。为了准备浸出给料，经过选择和单独开采的褐铁矿和腐泥土矿石分别送入矿石准备和选矿流程，在该流程中两种矿石分别用机械手均匀堆放或直接倒入原矿仓，然后送入振动筛和粗碎工序。经过破碎后的矿石送入粉矿堆（褐铁矿堆为 6 万 t，腐泥土矿堆为 3 万 t），每个堆由一台 Thyssen Krupp 循环装载运输机进行操作，随后矿石用一台斗轮机装运并被送到选矿车间。

（1）选矿。

选矿工艺针对雷文斯索普矿石相对独立的矿石结构和矿物特性，除去粗粒的低品位矿石。在此工序中抛尾量占矿石总量的 65%~75%，相对于原矿石富集比可达到 1.6~2.0 倍。假定该选矿工艺依赖矿石的物理和结构特性，在此条件下选矿抛尾量和镍品位的升高将取决于矿石类型。选矿工艺由三段基本工序组成：洗涤、分级和浓缩。洗涤是从粗粒、废石中回收含镍的细粒物料，将矿石首先用水在鼓形（圆筒）洗涤器中洗涤。分级是将鼓形（圆筒）洗涤器中的物料排放到一台双层筛上（粒度小于 1.4 mm 的为有用矿石，粒度为 1.4~6 mm 的矿石废弃）；筛上粗粒矿石排放到废弃物料输送机上；筛下矿石通过一个泵给料漏斗给入三段旋回破碎机的第一段（粗碎机），超微粉碎段位于粗碎段和中碎段之间，从而将附着在粗粒上的细粒物料分离。从旋回中碎段排出的底流在螺旋分级机中进行分级和脱水处理，从细碎段排出的底流在高频脱水筛上进行脱水处理。从分级机和脱水筛上产生的两种筛上物料从处理工序中作为尾矿排出。从褐铁矿和腐泥土处理工序中产生的各种尾矿流混合后通过一台单独的尾矿输送机送到中间尾矿堆，然后用给料机将中间尾矿堆的废料装入一台最终尾矿输送机并由卡车转运处理。在操作过程中，螺旋分级机的脱水效率可能导致尾矿处理问题。对黏性矿及矿浆采用特殊的处理方式（脱水）。富集后的矿浆在直径为 20 m 的奥图泰（Outotec）浆料浓密机（两台用于褐铁矿一台用于腐泥土）中进行浓缩处理，然后保存在矿浆搅拌储存槽中（4 个槽用于褐铁矿，1 个槽用于腐泥土）。浓缩后的目标矿浆流变性能

(100 Pa 屈服应力)相当于浓缩浓度为 45%的褐铁矿矿浆和浓缩浓度为 43%的腐泥土矿浆。在每个流程前，矿浆储存槽储存能力按照 12 h 核算。第一量子 Ravensthorpe 项目选矿工艺流程和湿法工艺流程分别如图 6-12 和图 6-13 所示。

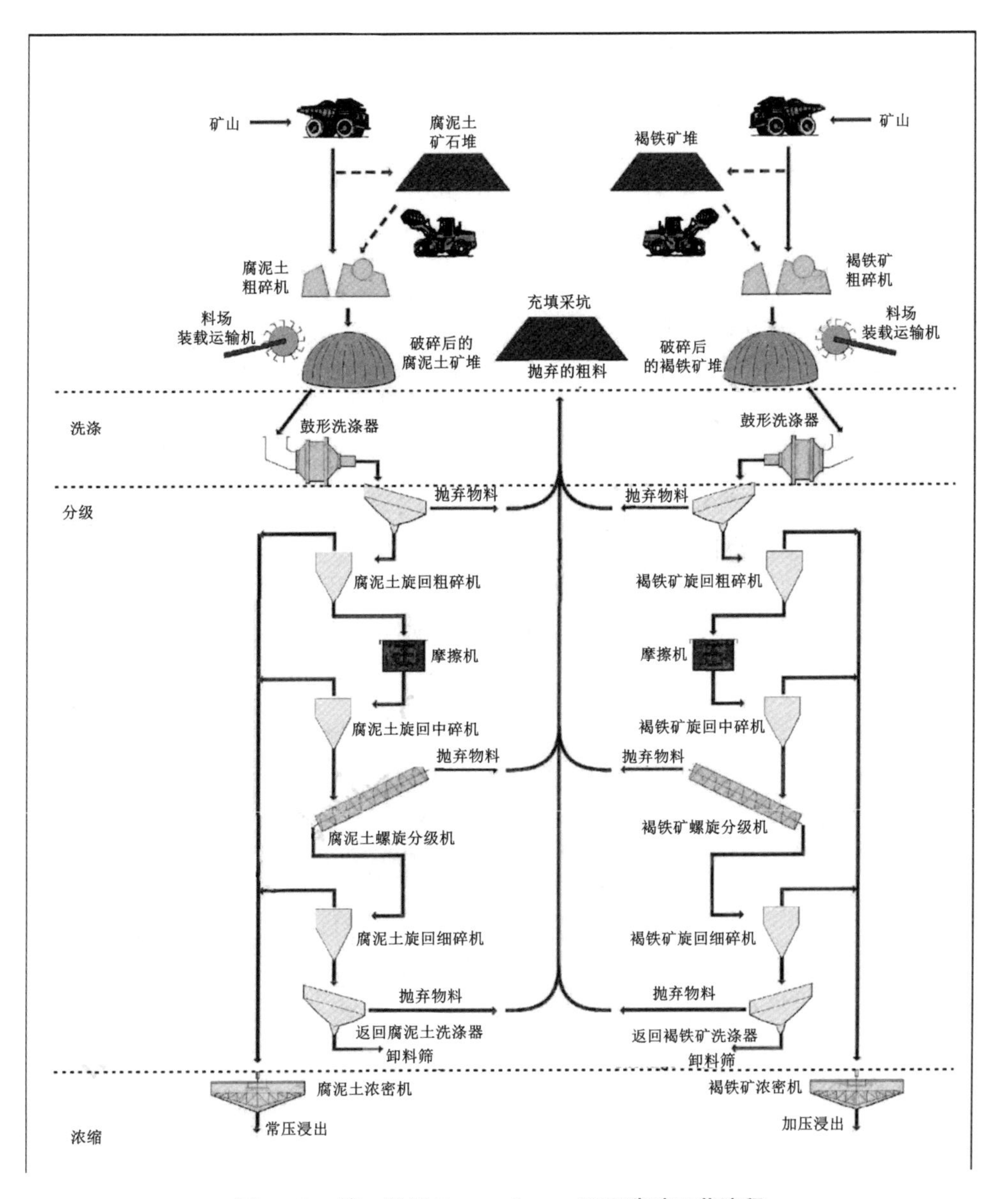

图 6-12 第一量子 Ravensthorpe 项目选矿工艺流程

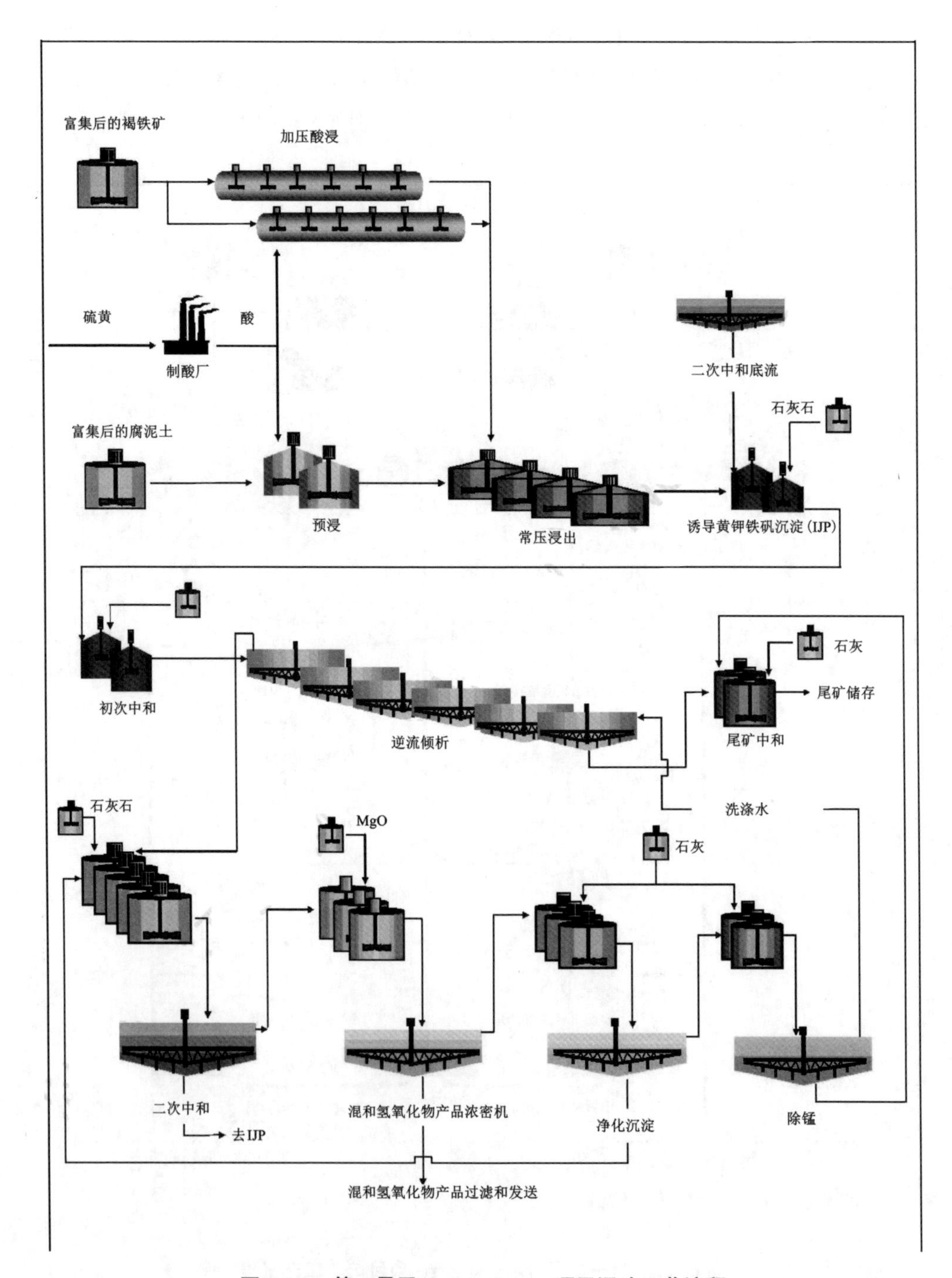

图 6-13 第一量子 Ravensthorpe 项目湿法工艺流程

(2)加压酸浸。

Ravensthorpe 项目的湿法冶金工艺为 EPAL 工艺，即褐铁矿采用加压酸浸(PAL)工艺处理，腐泥土采用常压浸出(AL)。EPAL 工艺能经济地处理整个红土镍矿层，利用此工艺 Ravensthorpe 项目每年能够多生产 1.5 万 t 镍。两个加压酸浸回路中每个回路的给料速度为 150 t/h，常压酸浸回路的给料速度为 135 t/h，设计镍的总回收率为 89%，每年最多产出含镍量为 3.5 万 t 的镍产品。

浓缩后的褐铁矿石通过加入热水稀释的直接接触加热方式进行预热，随后再浓缩。褐铁矿进入加压釜前要在喷溅塔加热器中经过两段直接接触式加热。设计的每列加压釜富集褐铁矿的浸出量为 150 t/h，两列加压釜总的处理量为 300 t/h。两组平行排列的加压釜操作温度为 250 ℃、压力为 4.5 MPa。加压釜的内径为 4.62 m，总长为 28.9 m。反应时间设定为 60 min，设计镍浸出率为 95.5%。

加压釜为碳钢结构，采用钛层覆盖防腐，通过三段闪蒸处理后卸料，每个卸料段排出的蒸气用于配套的矿浆预热。从第三段闪蒸卸料口排出的矿浆被送入陶瓷衬的缓冲槽中，随后再泵送进入常压浸出流程。

(3)常压浸出。

浓缩后的腐泥土先被送到一段预浸工序，设计的处理量为 135 t/h，在该工序将矿浆与硫酸投入用两个耐火材料做衬里的搅拌槽中，使其相互作用。从二次预浸槽中排出的矿浆与加压釜排出的矿浆相混合，一起进入 4 个常压浸出槽的第一槽。在 95 ℃条件下，设计在常压槽中停留时间为 10 h，在此期间，有更多的镍、钴浸出。

矿浆在常压浸出槽停留后，开始进行第一次中和。将矿浆送入黄钠铁矾沉淀(IJP)槽中，铁以黄钠铁矾的形式沉淀。将矿浆送入逆流倾析(CCD)流程前，矿浆的 PH 为 2.5。设计的腐泥土在常压浸出流程中的镍浸出率为 80%。

(4)逆流倾析和尾矿中和。

将中和槽中排出的浸出矿浆泵送入 6 级逆流倾析(CCD)浓密机的第一级。在浓密机中用贫液对浸出矿浆进行洗涤，目的是将富含镍的溶液与浸出后的固体矿石渣分离。洗涤浓密机为直径 42 m 的深底盘奥图泰(Outotec)设备，设计产生的标准底流矿浆固体质量分数为 42%。

将第六级逆流倾析(CCD)浓密机产生的底流送入尾矿中和工序，用石灰乳进一步中和，然后将中和后的矿浆泵送到尾矿存储设施中(TSF)，将第一级逆流倾析(CCD)浓密机产生的溢流送入第二次中和工序(SN)。

(5)中和。

第一级逆流倾析(CCD)浓密机产生的溢流含有镍、钴等有价金属，将溢流送入二次中和(SN)槽中，通入压缩空气并加入褐铁矿浆(连同下游工序产生的再循环固体流一起加入)，目的是将 pH 提高到 4.5~5.2，在此工序中，将溶液中的铁和铝浓度降低到 0.01 g/L。

将最终的二次中和(SN)槽产生的中和后的矿浆送入二次中和浓密机进行液固分离，将溢流液送入混合氢氧化物沉淀区。

使二次中和浓密机的部分底流矿浆返回第一级中和槽中，不仅能为沉淀工序提供晶种，还能减少石灰石的用量，剩余的底流矿浆可作为晶种循环使用。

(6)镍、钴沉淀及过滤包装。

将二次中和浓密机产生的溢流送入混合氢氧化物沉淀槽，通过控制氧化镁的添加量沉淀回收镍和钴金属。此阶段镍、钴沉淀率大于 95%。

将最终沉淀槽中产生的矿浆沉入直径为 30 m 的混合氢氧化物沉淀浓密机中。该浓密机产生的部分底流再返回沉淀流程首端以提供沉淀晶种。将浓密机的底流送入混合氢氧化物沉淀物的矿浆储存槽中。

将储存槽中的混合氢氧化物沉淀物(MHP)矿浆送到一台卧式带型过滤机中。该过滤机采用的是逆流排水冲洗方式，用脱盐水洗涤混合氢氧化物沉淀物(MHP)固体中的可溶性盐类。

该带式过滤机产出的滤饼固体含水率为 55%，用脱盐水将滤饼浆化，送入设计缓冲时间为 32 h 的搅拌槽中，该搅拌槽位于真空过滤和最终加压过滤机之间。

最终产品在 Larox 加压过滤机中过滤，再次用脱盐水洗涤滤饼，然后将滤饼装入容量为 26 t 的高立方体容器中发运。在操作期间，无论是在 Ravensthorpe 进行普集装箱装料，还是在 Yabulu 精炼厂卸料，均未遇到混合氢氧化物沉淀物(MHP)的装卸问题。

(7)净化沉淀和除锰。

混合氢氧化物沉淀物(MHP)浓密机产生的溢流，含有 MHP 工序给料中约 5%的镍。将该溢流送入净化沉淀工序，通过添加石灰乳回收残余的镍，同时尽可能多地除去溶液中的锰。将最终槽中的矿浆送到净化沉淀浓密机，使大部分固体沉淀下来。之后将浓密机底流送入二次中和工序，使其中的镍再浸出。

净化沉淀浓密机的溢流中每升含有几百毫克的锰，可在搅拌槽溶液中加入石灰以降低锰含量，并将最终除锰沉淀槽中的矿浆送入除锰浓密机。将该浓密机的部分底流回送到该沉淀槽的前端，为沉淀反应提供晶种，剩余的底流送入尾矿中和区进行处理，最终排入尾矿储存设施(TSF)。

除锰浓密机的溢流可用作逆流倾析(CCD)的冲洗水，也可用于稀释中和后的尾矿矿浆，便于运送到尾矿储存设施。所有剩余的冲洗水在蒸发池(EPs)中处理。

(8)工艺支持设施。

工艺支持设施如下：絮凝剂的接收、存储、混合和配给；石灰石的研磨和配给；石灰的接收、存储、熟化和配给；氧化镁的接收、存储、混合和配给；工厂和仪表气源。

尾矿储存设施和蒸发池：

尾矿浆经中和后，排放入尾矿储存设施中，剩余的冲洗水排入蒸发池。

尾矿储存设施和蒸发池采用多单元结构设计，以提供最大程度的操作灵活性。

Ravensthorpe 项目所需要的酸由一个燃烧硫黄、双接触、催化型酸厂提供，酸厂的设计产能为每日生产浓度为98.5%的硫酸4400 t(折百)。

该酸厂由 Aker Kvaerner 化工公司设计和安装，其最大产能调节比为名牌额定值的40%。

蒸汽作为制酸产生的副产品，被送入高压过热(HPSH)蒸汽室，向汽轮机或处理厂的下泄站提供蒸汽。

(9)蒸汽和发电厂。

蒸汽和发电厂由以下设备组成：三台蒸汽涡轮发电机，每台的额定功率为18.5 MW；三台额定容量为85 t/h 的燃烧柴油总装式锅炉；三台额定功率为1.9 MW 的往复式柴油发电机。

该酸厂设计为可提供100%的蒸汽供应冗余，以应对酸厂断供和满负荷用电，或酸厂在低产能情况生产时，需要提高蒸汽容量的情况。在其他蒸汽发生量不足的情况下，可用燃烧柴油锅炉快速补充蒸汽以保证供电的稳定性。

(10)供水系统。

工厂使用从南大洋提取的海水。通过一条长 41 km 的管道系统将海水泵送到生产现场。海水在现场进行脱盐，产生的淡水用于生产蒸汽，以及特殊工艺的废盐水需求。

供水系统包括：在 Mason 点的原生海水吸入口、传送泵站和将海水输送到处理厂的管道系统；一套海水淡化装置，采用从酸厂产生的废热生产脱盐水，用于锅炉给水和清洁处理；一套水软化装置，以提供锅炉给水；冷却水，包含一个八槽冷却塔装置，以及联合冷却水泵和管道系统；每种水型的配水系统。

中冶巴布亚新几内亚瑞木(Ramu)项目概况如下。

巴布亚新几内亚瑞木(Ramu)项目于 2012 年 12 月投产，总投资 20 亿美元(122.75 亿人民币)，设计年处理红土镍矿 321 万 t，生产 3.26 万 t，钴 3335 t。镍原料主要成分为：Ni 1.13%，Co 0.11%，Mg 2.25%，Al 1.58%；采用加压酸浸—矿浆中和—CCD 分离洗涤—两段中和—两段氢氧化镍钴沉淀工艺，生产混合氢氧化镍钴中间产品。2017 年，该项目达到设计生产能力。镍回收率约 96%、钴回收率约 94%。产品镍含量 45%、钴含量 4%，主要供应中冶曹妃甸新能源基地，以及投放中国市场，用于生产硫酸镍和电解镍。图 6-14 为中冶巴布亚新几内亚瑞木镍钴工程项目工艺流程。

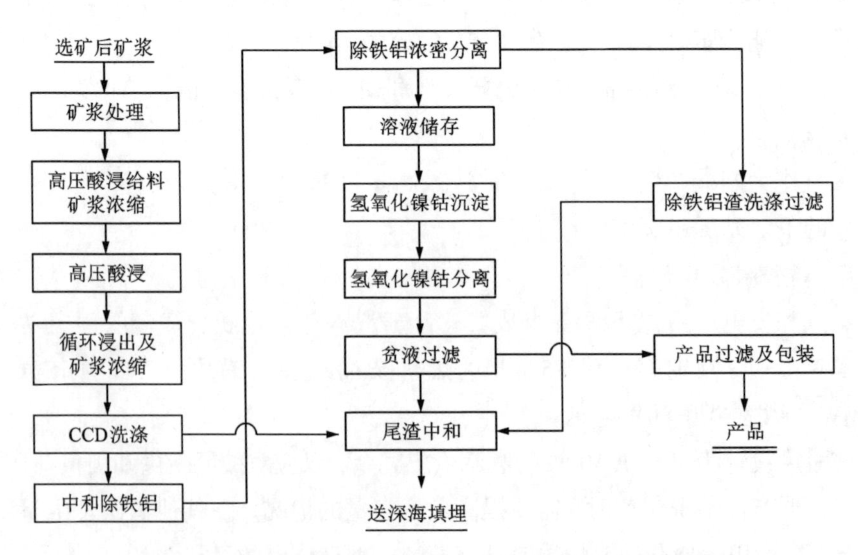

图 6-14　中冶巴布亚新几内亚瑞木镍钴工程项目工艺流程

宁波力勤矿业/哈利达印尼力勤 OBI 镍钴项目概况如下。

宁波力勤矿业/哈利达印尼力勤 OBI 镍钴项目采用加压酸浸(HPAL)镍钴冶炼技术，生产镍钴中间体产品，一期(共两套高压酸浸装置)投产后具备年产约 22 万 t 氢氧化镍钴中间产品(MHP)的能力，硫酸镍 16.45 万 t，镍金属量 3.65 万 t，硫酸钴 2.12 万 t，钴金属量 4350 t；二期(共一套高压酸浸装置)规划年产约 11 万 t 氢氧化镍钴中间产品(MHP)的能力，硫酸镍 8.22 万 t，镍金属量 1.82 万 t，硫酸钴 1.06 万 t，钴金属量 2175 t。产品主要应用于新能源汽车电池正极材料，2021 年 3 月一期开始试生产，2021 年 5 月 19 日成功产出第一批氢氧化镍钴产品。

现有红土镍矿加压酸浸产出镍钴混合硫化物的项目有：古巴毛阿、澳大利亚穆林穆林、菲律宾珊瑚湾、塔甘尼托、马达加斯加安巴托维。住友金属计划在印度尼西亚苏拉维西建设生产能力为 4 万 t/年的高压酸浸生产镍钴混合硫化物项目。

(1)古巴毛阿镍厂作为世界上第一家采用 HPAL 技术处理红土镍矿的工厂，创建于 1957 年，1959 年投产。该厂原料为毛阿矿区氧化镍钴矿床，氧化镁含量较低而钴含量较高，采用氧化镍矿加压硫酸浸出，硫化氢沉淀镍、钴的生产工艺，生产硫化镍钴(Ni+Co 含量≥60%)，产品运往谢里特加拿大克莱夫科镍钴精炼厂生产镍豆和钴豆。工厂 2007 年开始二期扩建，仍然采用一期的技术，扩建后镍金属量总产能可达 3.5 万 t/年。在整个冶炼过程中，镍的总回收率为 95%左右。处理原料成分及含量：Ni 1.38%，Co 0.13%，Mg 1.0%，Al 5.0%，Fe 46%。红土镍矿处理工艺流程如图 6-15 所示。

(2)澳大利亚穆林穆林红土镍矿项目 2000 年投产，采用谢里特工艺，即通过高压酸浸—硫化物沉淀(硫化氢)—氢气还原，生产镍豆和钴豆。穆林穆林红土镍矿项目的矿石总储量为 11740 万 t，Ni 平均品位 1.02%。穆林穆林用氢气还原生产镍 40000 t/年，产品达到 LME 标准。

(3)马达加斯加安巴托维(Ambatovy)项目 2012 年 5 月投产，总投资 63 亿美元，设计年产镍 6 万 t，钴 5600 t。处理原料主要成分及含量为：Ni 1.29%，Co 0.11%，Mg 1.03%，Al 1.81%。采用加压酸浸—矿浆中和—CCD 分离洗涤—硫化氢沉淀除杂—溶液中和—硫化沉淀—氧压浸出—萃取—氢还原工艺。项目采用 5 套加压酸浸装置，2020 年 3 月关停。现股份构成：住友金属 54%，韩国资源 46%。工艺流程如图 6-16 所示。

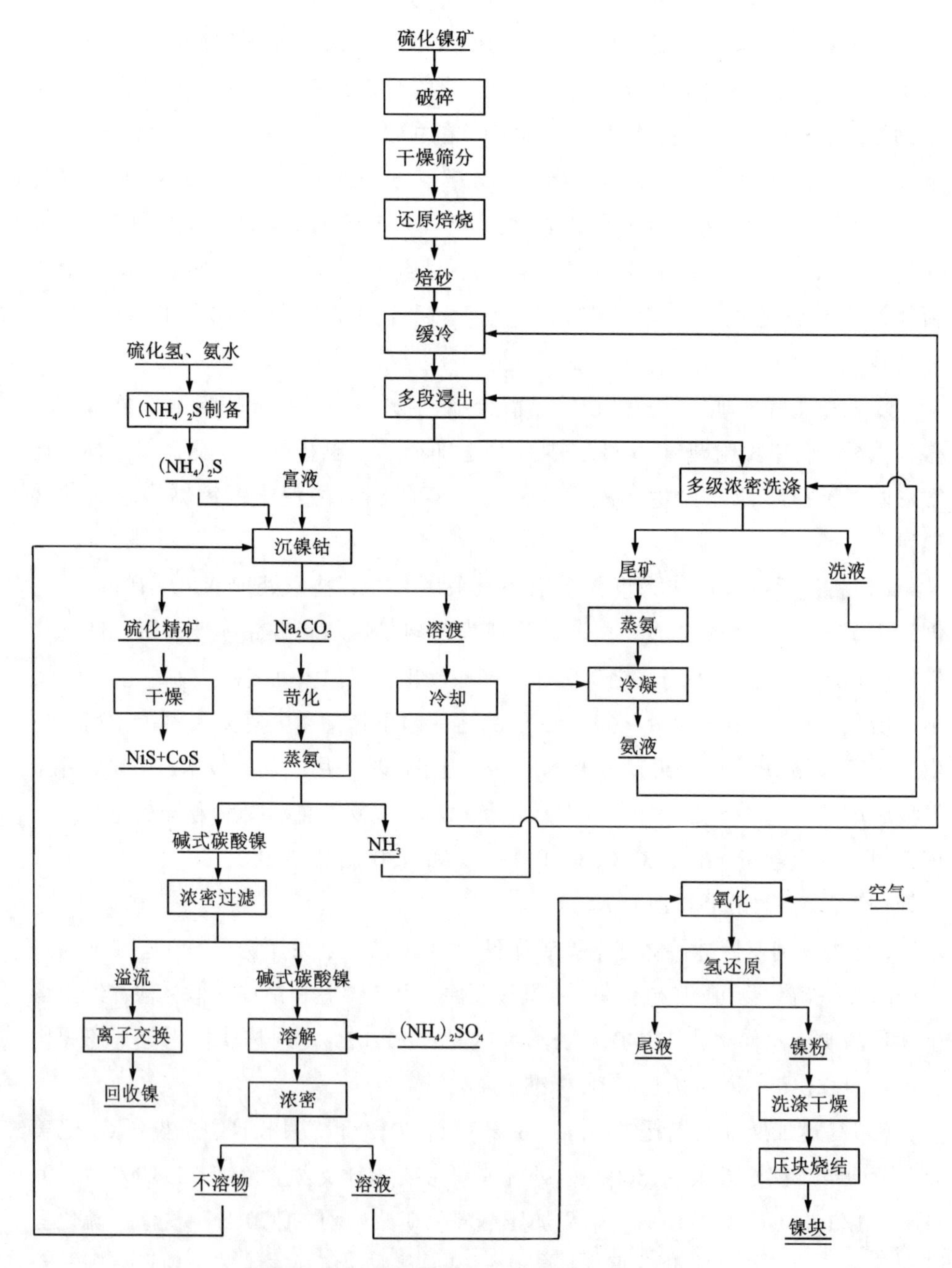

图 6-15 古巴毛阿镍厂红土镍矿处理工艺流程

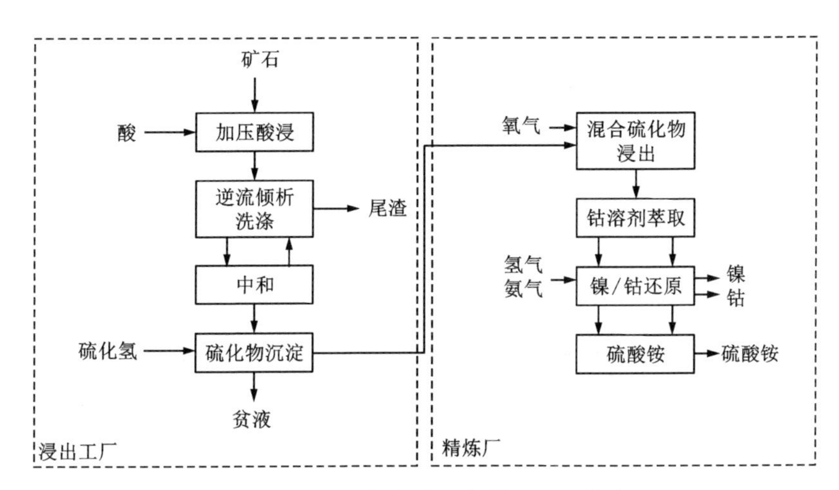

图 6-16 马达加斯加安巴托维项目工艺流程

(4)菲律宾珊瑚湾(CoralBay)镍项目2005年投产，投资6亿美元，采用高压酸浸技术从低品位红土镍矿和褐铁矿中生产硫化镍钴，原料以里奥图巴镍矿红土镍矿为主，镍的平均品位为1.6%，钴的平均品位为0.09%。每年镍的设计生产能力为2.1万t(两套高压酸浸装置)，钴的设计生产能力为1500 t，产品为Ni+Co含量≥60%的硫化镍钴。该项目2005年4月开始正式工业生产，将镍和钴的中间产品或混合硫化物运送至日本住友金属矿业的新居滨(Nihama)精炼厂，采用成熟的冰铜氯化物浸出电积(MCLE)技术进一步精炼成电镍和电钴。项目持股情况：住友金属54%，三井物产18%，双日集团18%，亚洲镍业10%。该项目2020年实际生产镍1.91万t。

(5)塔甘尼托(Taganito)镍项目2013年9月投产，共有三套高压酸浸装置，生产硫化镍钴，工艺同珊瑚湾镍项目，设计年产镍3.3万t，钴2600 t。项目持股情况：住友金属62.5%，三井物产15%，亚洲镍业22.54%。该项目2020年生产镍3.06万t。珊瑚湾镍业和塔甘尼托镍项目工艺流程如图6-17所示。

6.3.2.3 HPAL-AL 联合工艺

常规HPAL-AL联合工艺是指将加压酸浸(HPAL)与常压酸浸(AL)结合起来的两段浸出工艺，其主要特点是将HPAL段浸出液中的游离酸用于AL段的浸出，从而提高了酸的利用率，降低了酸耗。HPAL段处理的矿通常为褐铁型红土镍

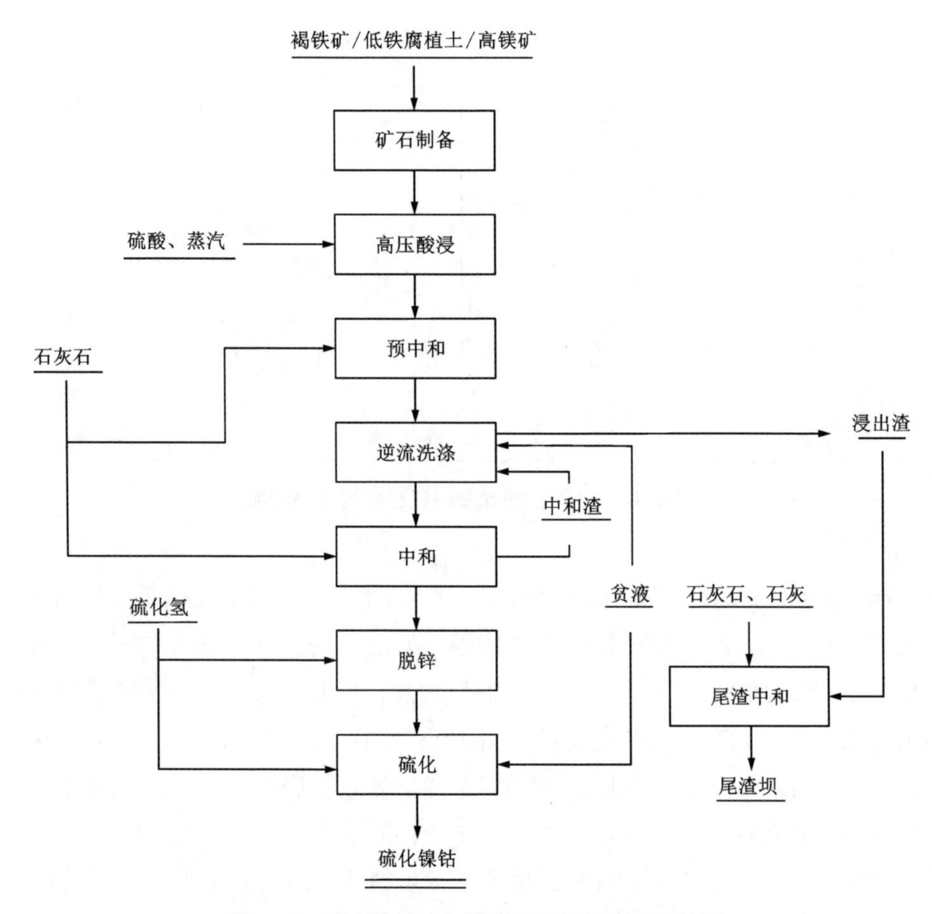

图 6-17　珊瑚湾镍业和塔甘尼托镍项目工艺流程

矿，AL 段处理的矿通常为蛇纹石型红土镍矿，这是因为：

(1)蛇纹石型红土镍矿比褐铁型红土镍矿更易在低酸下反应，因为前者主要成分为蛇纹石，后者主要成分为针铁矿，蛇纹石在 60 ℃、0.6 mol/L H_2SO_4 中即可发生分解反应，而针铁矿则需要在 80 ℃、2.5 mol/L H_2SO_4 中才能发生分解反应。

(2)相比过渡层红土镍矿和褐铁型红土镍矿，用蛇纹石型红土镍矿中和残酸非常有效。研究表明：100 ℃时，用蛇纹石型红土镍矿中和 HPAL 浸出液，pH 从 0.9 升至 1.6 仅需要 20 min，在高效利用残酸的同时获得了超过 95%的镍、钴浸出率。

在 HPAL-AL 的基础上，澳大利亚必和必拓公司提出了 EPAL(enhanced pressure acid leach)工艺。该法与 HPAL-AL 最大的不同是控制浸出液中的铁含量(小于 3g/L)。实现这一目标的工艺步骤为：首先将 AL 段的蛇纹石型红土镍矿进行预混，即往矿浆中混入 Na^+、K^+、NH_4^+，然后使浸出液中 80%的铁转化成黄铁矾沉淀，从而使浸出液中铁含量低于 3g/L。

值得注意的是，EPAL 工艺中铁以黄铁矾的形式存在，而黄铁矾在酸性条件下会缓慢分解并消耗浸出液中的酸，因此，常压浸出过程需严格控制反应的氧化还原电位、反应温度和浸出液 pH。此外，还需控制两种红土镍矿的使用比例，确定高镍浸出率和低铁溶出率的平衡点。图 6-18 为红土镍矿 EPAL 工艺流程。

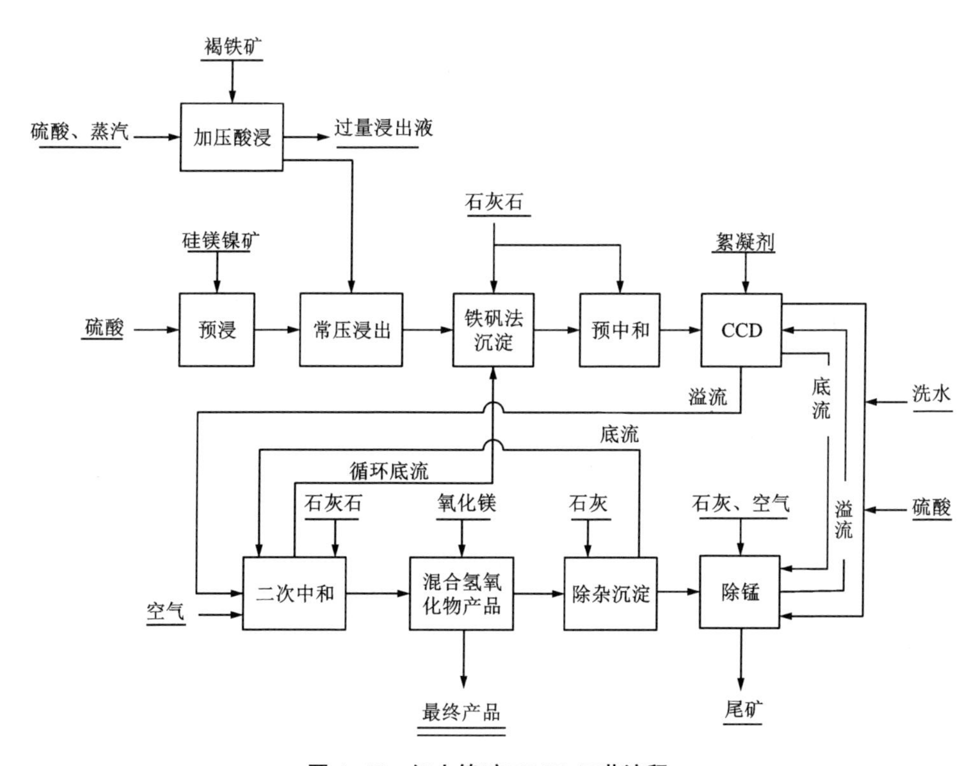

图 6-18 红土镍矿 EPAL 工艺流程

在上述工艺的基础上，北京矿冶研究总院开发了 AL-HPAL 联合硫酸浸出法。该法与常规 HPAL-AL 联合工艺不同的是，在 AL 段用高酸处理褐铁型红土镍矿，而在 HPAL 段用蛇纹石型红土镍矿中和残酸并使铁在高温下以赤铁矿水解沉淀，从而降低了铁的酸耗。该工艺具有原料适应性强、试剂消耗低、金属回收率高、加压浸出条件温和、显著缓解加压釜结垢速度、投资和运营成本低等优点；缺点是褐铁型红土镍矿的浸出渣和蛇纹石型红土镍矿的浸出渣混合产出，矿中铁的价值不能很好地体现。加压硫酸浸出处理红土镍矿可获得 90%以上的镍、钴浸出率。但采用加压硫酸浸出处理红土镍矿的操作条件较苛刻，需严格控制以达到最佳浸出效果。

6.3.2.4 硝酸加压浸出

硝酸加压浸出工艺是以硝酸代替传统加压浸出工艺中的硫酸作为浸出介质，对红土镍矿进行加压浸出，该法的主要特点是大部分硝酸可再生循环，大幅降低了酸耗及浸出温度和压力，同时红土镍矿中的铁、铬组分在浸出渣中得到了富集，且不含硫，非常有利于铁、铬的综合利用。此外，浸出液的分步处理又实现了镍、钴与铝、钪的富集分离，并最终得到各种有价金属的富集物，包括铁铬富集物(浸出渣)、铝钪富集物及镍钴富集物等，实现了各元素的高效利用。硝酸加压浸出工艺流程如图 6-19 所示。

在硝酸介质中进行加压浸出时，可以不往加压釜中通入氧气或富氧空气，因为 NO_3^- 可代替硫酸介质加压浸出时所需的 O_2 对 Fe^{2+} 进行氧化，硝酸加压浸出时各组成矿物发生一系列酸浸反应，Fe^{3+} 转化为赤铁矿进入渣相。

澳大利亚 DNI 公司开展了红土镍矿硝酸加压浸出项目的研究，并在 Perth 建成了年处理红土镍矿 1 万 t 的中试实验线。国内硝酸加压浸出工艺的研究由北京科技大学王彦成团队在红土镍矿传统加压酸浸技术的基础上，经过系统小型实验研究提出，并在四川顺应电池材料有限公司(眉山)完成工业试验研究。四川顺应电池材料有限公司在广西北海建设了年产 1 万 t 镍的红土镍矿加压酸浸项目。该工艺因浸出剂可回收，除可用于处理褐铁型红土镍矿外，还可用于处理镁含量高的蛇纹石型红土镍矿，且反应温度和压力低，便于操作控制和实现工业化生产。需要指出的是，要根据待处理红土镍矿的性质严格控制酸度，否则会增加经济成本和降低镍、钴回收率。红土镍矿硝酸加压浸出工艺流程如图 6-19 所示。

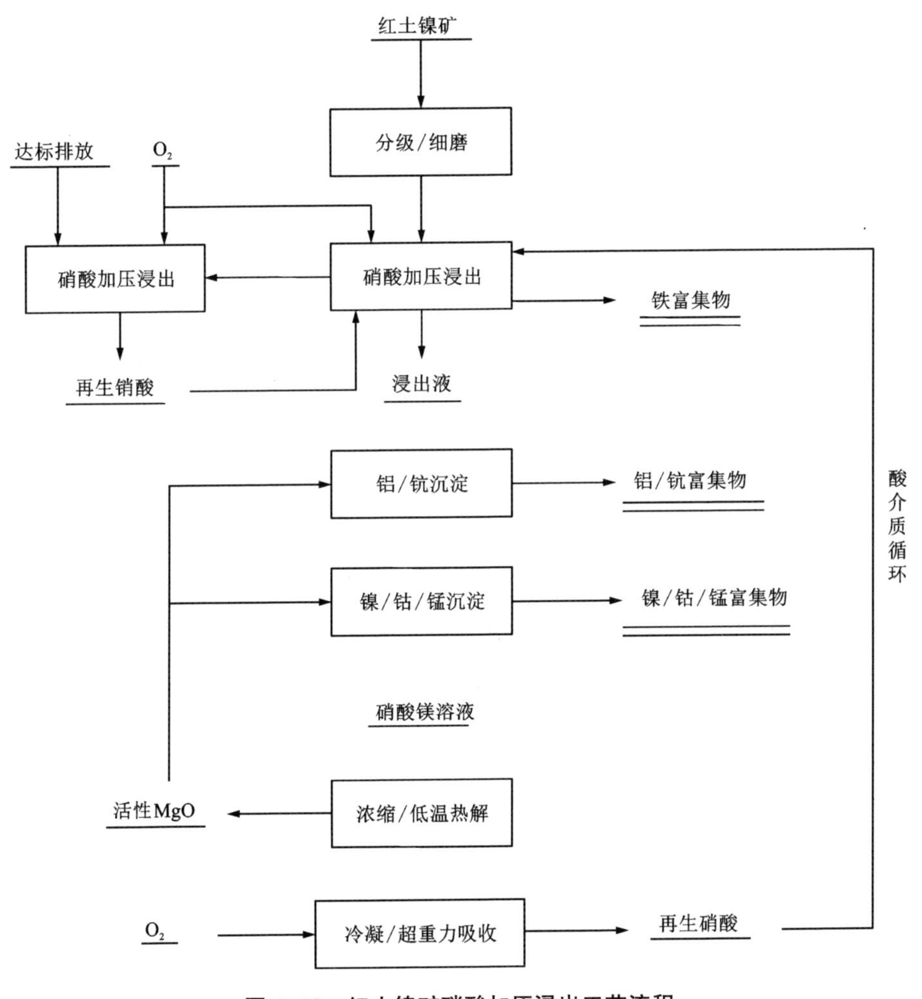

图 6-19　红土镍矿硝酸加压浸出工艺流程

6.4　本章小结

采用红土镍矿生产镍铁产能过剩，且不能回收钴、钪等有价金属，不锈钢生产企业采用红土镍矿 RKEF 镍铁冶炼工艺+AOD 炉双联法不锈钢生产工艺，具有成本优势。从镍的下游消费领域增长来看，未来发展趋势为：

(1)随着工业化进程的发展，中国不锈钢的产量、消费量增长率将逐步放缓，预计 2021—2030 年年均增长率为 6%～8%，2031—2040 年年均增长率为 5%～6%。

(2)未来 20 年，世界新能源汽车仍然以三元锂电池为主，2030 年世界主要国家和组织全面禁止传统燃油汽车生产与销售(燃油车禁令)，将掀起以红土镍矿为原料生产电池用镍冶炼中间产品的投资热潮。未来红土镍矿的开发将呈现资源+资本的合作模式，加大镍产业链整合力度。预计到 2030 年，世界电池领域镍消费量将达到 100 万 t，约占镍消费量的 30%，成为继不锈钢之后的第二大镍消费领域。

(3)电镀市场将继续萎缩。

(4)高温合金领域主要看中国等发展中国家的航空市场和两机(飞机和内燃机)制造业发展，保持 5%～8%的中速增长。

(5)其他领域保持小幅增长或持平。

当前红土镍矿 RKEF 镍铁投资成本为 1.5 亿～1.8 亿美元/万 t 镍，红土镍矿加压酸浸投资成本为 4 亿～5 亿美元/万 t 镍。按照现在的发展速度，以及未来一段时间的投资意向，预计印度尼西亚优质红土镍矿开发年限仅为 10～15 年。火法冶炼生产镍铁仍为主要方式，针对电池所需的镍冶炼，中间产品也将成为投资热点。

参考文献

[1] 付伟，牛虎杰，黄小荣，等. 红土型镍矿床成因的多样性：基于全球尺度的对比研究[J]. 地质学报，2013，87(6)：832-849.

[2] 郭远生，罗玉福. 中国和东南亚红土型镍矿地质与勘查[M]. 北京：地质出版社，2013.

[3] 陈百友，刘洪滔，杨平，等. 全球红土型镍矿床的基本成矿规律[C]//中国地质科学院地球学报编辑部. 云南省有色地质局建局 60 周年学术论文集. 北京：科学出版社，2013：209-213.

[4] 聂文斌，张强林. 世界红土镍矿资源概况[M]. 金川镍钴研究设计院，2012.

[5] 许春莲，李永艳. 国外多金属矿资源分布调研报告[R]. 金川镍钴研究设计院，2012.

[6] 孙涛，王登红，钱壮志，等. 中国镍矿成矿规律初探[J]. 地质学报，2014，88(12)：2227-2251.

[7] 丁志广. 硅镁型红土镍矿气基固相还原的研究[D]. 昆明：昆明理工大学，2017.

[8] 杨洋. 褐铁矿型红土镍矿中有价金属的提取工艺研究[D]. 赣州：江西理工大学，2021.

[9] 付伟，周永章，陈远荣，等. 东南亚红土镍矿床地质地球化学特征及成因探讨——以印尼苏拉威西岛 Kolonodale 矿床为例[J]. 地学前缘，2010，17(2)：127-139.

[10] 马绍春，郑国龙. 缅甸莫苇塘红土型镍矿成矿地质条件[J]. 云南地质，2009，28(2)：166-171.

[11] 姚仲伟，邵敏. 印尼苏拉威西岛 Kolocedale 地区红土型镍矿特征及找矿标志[J]. 西部资源，2015(2)：153-155.

[12] 韦文国，陈丽伟，刘朋飞，等. 印尼红土型镍矿成矿规律研究[J]. 世界有色金属，2022

(8)：98-100.
[13] 闫奕璞，祁书亮，魏向涛，等.印尼威拉砾岩型红土镍矿地质特征及找矿思路[J].世界地质，2019，38(4)：944-952.
[14] 崔银亮，杨学善，姜永果，等.红土型镍矿床的成矿条件和找矿标志[J].矿物学报，2013，33(4)：449-455.
[15] 王瑞江，聂凤军，严铁雄，等.红土型镍矿床找矿勘查与开发利用新进展[J].地质论评，2008，54(2)：215-224.
[16] 高树起.印度尼西亚苏拉威西岛 Aresa 地区红土型镍矿床成因及找矿勘查[J].内蒙古科技与经济，2015(16)：51-53.
[17] 冉启胜，朱淑桢.红土型镍矿地质特征及分布规律[J].矿业工程，2010，8(3)：16-17.
[18] 杨学善，郭远生，陈百友，等. 世界红土型镍矿的资源分布及勘查、开发利用现状[C]//中国地质科学院地球学报编辑部.云南省有色地质局建局 60 周年学术论文集.科学出版社，2013：200-208.
[19] 李广伟. 红土型镍矿地质特征及分布规律[J].科技资讯，2011，9(34)：129.
[20] 冯建忠，宋新华.红土型镍矿的勘查方法和项目研判[J].资源与产业，2014，16(1)：61-65.
[21] 杨昌正，冯建忠，周琳.红土型镍矿控矿因素及勘查技术方法[J].新疆有色金属，2017，40(1)：76-79+83.
[22] 高帮飞，邓军，王庆飞，等. 风化作用元素迁移与金富集机制研究——以国内外典型红土型金矿床为例[J].黄金，2006，27(5)：9-12.
[23] 谭木昌，盖春宽.红土型镍矿靶区选择和勘查技术探讨[J].矿床地质，2012，31(S1)：875-876.
[24] 白石磊. 红土型镍矿成因分析[J].中国金属通报，2020(8)：41-42.
[25] 史本琳，王丽艳.红土型镍矿验证探矿设计实例[J].中国矿山工程，2012，41(5)：5-8.
[26] 史本琳，王丽艳.红土型镍矿化验分析样品的加工制备[J].中国矿山工程，2013，42(6)：24-27.
[27] 许鸿英，张继丽，张艳萍，等.X 射线荧光光谱分析多矿源铁矿石中 9 种成分[J].冶金分析，2009，29(10)：24-27.
[28] 杨生吉.基于 Surpac 石灰岩矿床三维地质建模及资源量估算[J].福建地质，2013，32(2)：146-154.
[29] 郭新珂.浅谈矿业软件在资源核查中的应用[J].铜业工程，2014(2)：66-68.
[30] 王光洪，刘强，冯锋，等. 超基性砾岩有关的科拉卡红土镍矿床地质特征与成因[J].四川地质学报，2017，37(4)：617-620.
[31] 何灿，肖述刚，谭木昌.印度尼西亚红土型镍矿[J].云南地质，2008，27(1)：20-26.

[32] 冯建忠，宋新华. 红土型镍矿的勘查方法和项目研判[J]. 资源与产业，2014，16(1)：61-65.

[33] 杨明德，杨玉华. 印度尼西亚苏拉威西岛—北马露姑群岛区域地质构造背景及其对蛇绿岩、红土型镍矿规模的控制[J]. 矿产与地质，2015，29(6)：722-725+739.

[34] 李锡，罗文来. 东南亚红土型镍矿探矿工程施工方法工艺与安全规程[J]. 西部探矿工程，2008，20(3)：59-61.

[35] 袁梅. 基于 MicroMine 软件脉状矿体不同资源量估算方法对比研究——以斯弄多银铅锌矿床为例[D]. 成都：成都理工大学，2016.

[36] 景永波，杜菊民，陈春生，等. 基于 3D Mine 的断面法与距离幂次反比法对比[J]. 地质学刊，2021，45(3)：271-276.

[37] 高颖. 海外红土镍矿开发可行性快速评价系统[D]. 北京：中国地质大学(北京)，2009.

[38] 徐玉棱. CO/CO_2 混合气体选择性还原红土镍矿的研究[D]. 上海：上海大学，2014.

[39] 马文军. 境外矿业开发风险及社区关系处理[J]. 矿业工程，2007，5(6)：14-16.

[40] 李文杰. 缅甸达贡山红土型镍矿配矿工艺[J]. 有色矿冶，2015，31(6)：11-13.

[41] 宋文涛，许永，郑曦，等. 红土镍矿装卸港口水体污染防治措施探讨[C]//2015 年中国环境科学学会学术年会论文集(第二卷). 深圳，2015：957-961.

[42] 高明权，赵少儒. “湿型”红土镍矿床特征及开采特点[J]. 中国矿业，2010，19(5)：81-84.

[43] 王家臣，王炳文. 金属矿床露天与地下开采[M]. 徐州：中国矿业大学出版社，2008.

[44] 王晓军. 热带雨林地区红土镍矿防排水工程规划[J]. 有色设备，2018(6)：32-41.

[45] 张万清. 某红土镍矿开拓运输系统优化[J]. 中国矿山工程，2014，43(2)：5-8.

[46] 高立强，冯建伟，谭巧义. 红土镍矿原矿预处理工艺研究[J]. 中国矿山工程，2017，46(2)：31-34.

[47] 冯建伟. 提高湿式红土镍矿洗矿试验设备圆筒洗矿机的洗矿效果研究[J]. 有色设备，2020(1)：10-15.

[48] 石镇源，刘兆刚，夏翠宏. 世界红土镍矿资源开发现状及冶炼工艺选择[J]. 金川科技，2019(2)：4-9.

[49] 李栋，郭学益. 低品位镍红土镍矿湿法冶金提取基础理论及工艺研究[M]. 北京：冶金工业出版社，2015.